生命，
因家庭而大好！

養出孩子的抗毒力！

健康育兒懶人包

預防環境危害、認識幼兒疾病大魔王，
現代爸媽必讀的全方位健康育兒指南

環境職業醫學專家 × 小兒科醫師 **黃昌鼎** ___ 著

Preface

給孩子最好的禮物，就是健康無毒的人生

「拜託快點，救救我的孩子！」一位媽媽非常慌張地抱著孩子衝進急診室。

阿文是一個五個月大的可愛寶寶，在家裡突然嘴唇發黑、全身不斷抽搐、意識不清，被媽媽送來急診。一時間急診手忙腳亂，快速地給了氧氣、打上點滴、給藥和抽血，阿文才慢慢平靜下來。由於抽搐、痙攣對小寶寶是很嚴重的症狀，所以我們立刻將阿文轉進了加護病房。

「醫師，阿文為什麼會這樣？很嚴重嗎？會不會有危險？」媽媽臉色蒼白，用顫抖的聲音問。

「媽媽，我們目前還不知道寶寶是什麼問題，需要做一些檢查。你能回想一下，寶寶這陣子在家有什麼不對勁嗎？」媽媽這才想起來，發現阿文這個月來哭聲變得特別尖銳、一點小聲響就會受驚嚇大哭，身體常常會很用力、很僵硬。

醫師安排了很多檢查，最後發現阿文血中的鈣離子特別低。鈣離子是人體一個很重要

的電解質，當嚴重缺乏時就會引起抽搐、痙攣的症狀。這麼小的寶寶，鈣離子怎麼會這麼低呢？

原來，媽媽說家裡有親戚在賣某種營養品，宣稱對孩子身體很好，所以阿文從一個多月大開始就以這種營養品為主食，很少再喝嬰兒配方奶。爸媽都想給孩子最好的，但是有時適合大人的，並不一定適合孩子。特別是身體器官都還在發育中的小寶寶，在四個月內只能喝母奶和嬰兒配方奶，如果營養品不適合小寶寶，就有可能發生危險。

還好，最後阿文在適當的治療和給予一般的配方奶之後，終於穩定沒再痙攣了。

食安和環境毒害的問題其實一直在發生，有時是因為爸媽不了解，或是接受了錯誤的資訊。像去年發生在台中的中藥鉛中毒事件，最小的受害者只有四歲，發生鉛中毒後孩子無法自行大小便，需要家人浣腸才能解便。由於孩子身體還在發育中，對於環境毒害特別敏感，孩子又沒有拒絕的能力，當發生食安和環境毒害時，往往是最嚴重的受害者。

在自己有了兩寶之後，不管是因為本身所學和基於對孩子的關心，對孩子的環境更是特別重視。注重食安和無毒環境，對孩子的好處雖然在短期內感受不出來，但是父母們若懂得避開這些毒物的危害，就是在幫孩子進行長期的健康存款了，當孩子年紀漸長，不管是平日的健康狀態，或對神經發展、中老年時的慢性病，都有幫助。在生活中其實並不需要太費心，只要注意一些眉角，加上正確的方法，要避開和減少毒害並不難！

這是一本實用易讀的育兒工具書，也是我多年來的心得筆記整理。小兒科聚焦於孩子的生理健康，環境醫學則著重於孩子的保健，以及避免環境毒害，在育兒照護上兩者相輔相成。在本書中，有時我將小兒科和環境無毒分開論述，但更常將兩者融合而更為完整。撰寫書稿時，我盡量以身為父母的角色來思考，避免艱澀的醫療名詞，使用大量精簡的表格、插圖和清楚易懂的文字，爸媽們一定可以快速抓到重點，無毒育兒瞬間上手！

書稿即將完成時，剛好是新冠疫情高峰期，歷經了一個多月的半封城，每天數百名確診個案，造成北部病床不足、呼吸器不足，醫療系統幾近崩潰，還發生隔離病人砍殺護理師的暴力案件。疫苗數量尚未到位，卻有人違反程序先打；政府和診所互相攻訐，社會籠罩在緊繃不安的氛圍之中。但幸運地，我們還是看到社會溫暖的一面。日本、美國等友邦在我們最需要疫苗時伸出援手，熱心的藝人登高一呼，滿滿的呼吸器立即到位……疫情就像是對人性和人情的考驗，衷心希望疫情可以趕快落幕，還我們那個熟悉、充滿人情味的生活。

要感謝我的兩位恩師，台大公衛學院的陳保中教授和馬偕兒童醫院院長李宏昌教授，兩位師長不但教導我豐富的學識，為人處世更是我終身學習的標竿。當然還要感謝台大環境職業醫學部、馬偕醫院小兒科的師長和前輩們，在學習期間不吝給我指導。也謝謝大好書屋和主編，讓我有這個機會將作品集結出版。還有最要感謝的是我親愛的老婆和兩個小皮蛋，不斷地支持和鼓勵，給我滿滿的正能量。

本書的起源，是我的臉書粉絲團「黃昌鼎醫師兒童無毒健康學苑」。回到創立粉絲團的初衷，我關心兒童健康、關注環境危害，希望台灣可以成為兒童友善及環境友善的美麗島嶼。兒童、環境及健康，是我人生中三個重要的面向，也是本書的中心所在。

自序／給孩子最好的禮物，就是健康無毒的人生 002

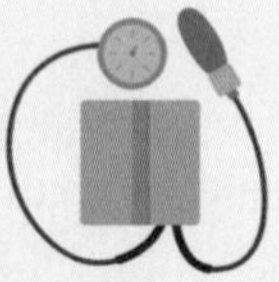

Part 1 孩子的疑難雜症Q&A

Chapter 1 懷孕時期

Q1 怎麼進行科學胎教？ 014
Q2 孕婦飲食要注意什麼呢？ 021
Q3 懷孕期間，需要哪些營養補充品？ 025
★專欄／懷孕或哺乳，可以施打新冠疫苗嗎？ 027

Chapter 2 迎接寶寶

Q4 母乳親餵要怎麼進行？ 030
Q5 無毒奶瓶&奶嘴怎麼選？ 035
Q6 怎麼讓寶寶一覺到天明？ 038
Q7 怎麼幫寶寶選張好床？ 043
★專欄／0～6個月，親子飲食的注意事項 046

Contents

Q8 嬰兒背巾怎麼背才安全？ 052
Q9 打疫苗要注意什麼呢？ 056
Q10 孩子有鬥雞眼嗎？ 061
Q11 寶寶一直有小豬聲怎麼辦？ 062
Q12 男寶寶的包皮，割還是不割？ 064
Q13 寶寶臉上常紅紅的，會有問題嗎？ 067
Q14 寶寶動不動就紅屁屁，怎麼辦？ 071
Q15 孩子需要補充益生菌嗎？ 074
Q16 寶寶抓耳朵是耳朵痛嗎？打頭是頭痛嗎？ 080
Q17 孩子又瘦又小怎麼辦？有辦法長高嗎？ 083
Q18 怎麼這麼小就開始發育了？是性早熟嗎？ 089
Q19 家有小胖弟、小胖妹，該怎麼減重？ 093
★專欄／6～12個月，輕鬆製作無毒副食品 098
Q20 孩子便便不順暢怎麼辦？ 105
Q21 孩子難餵飯，怎麼辦？ 111
Q22 這不吃那不吃，挑食的孩子怎麼治？ 115

Q23 孩子都一歲多了，怎麼還不會走呢？ 118
Q24 孩子都快二歲了，還不會講話怎麼辦？ 121
Q25 我的孩子需要早療嗎？怎麼評估？ 125
Q26 多大要開始用牙膏呢？幾歲開始看牙醫呢？ 129
Q27 如何增強孩子的免疫力？ 132
Q28 孩子需要補充維他命嗎？ 135
★專欄／一歲以上兒童飲食原則，讓全家吃得無毒又健康 140

Part 2 孩子生病了

Chapter 1 爸媽必須認識的大魔王

嬰兒猝死症候群 146
膽道閉鎖 152
異物梗塞 156
腸套疊 160
沙門氏桿菌 164
腸病毒重症 168
流感重症 173
★專欄／注意孩子生病的危險徵狀！ 176
腦膜炎和腦炎 181
心肌炎 184

Chapter 2 輕鬆跨過健康小關卡

發燒 188
熱性痙攣 193
玫瑰疹 198
腺病毒 201
臍疝氣 204
肺炎 207
中耳炎 210
急性腸胃炎 213
吞食異物 217
過敏性鼻炎 220
氣喘 223
異位性皮膚炎 229
新過敏預防建議 235
舌、唇繫帶 238
〇型腿、×型腿 241

Chapter 3 認識兒童常用藥物

鼻水藥 244
咳嗽藥水 247
口腔噴劑 251
鼻腔噴劑 253
止瀉藥 257
★專欄／小心！這些藥物對兒童來說很危險 259

Part 3

給孩子無毒安全的生活

Chapter 1 食在好安心

買菜、洗菜有智慧，農藥不超標 268
怎麼吃雞蛋，才安全又健康？ 273
如何避免塑化劑？ 276
不給糖就搗蛋！孩子吃糖好嗎？ 281
正確選擇兒童餐具與水壺 284
鍋具材質大解析 287

Chapter 2 衣著好用心

醫師教你買童裝，台日韓歐美各要注意什麼？ 291
兒童口罩挑選重點 296

Chapter 3 住家更寬心

使用殺蟲劑，可能對幼兒造成神經毒性！ 301
防蚊液成分，天然的比較好嗎？ 305

鉛中毒不罕見，怎麼從生活預防？ 308
看不見的毒，空氣汙染比你想得更可怕 312

Chapter 4 行車好放心

憾事不發生！汽車安全座椅的使用、挑選要點 315

Chapter 5 育兒有耐心

墜跌、燒燙傷好可怕！正視兒童意外問題 318
孩子沉迷網路遊戲怎麼辦？ 322
什麼時候才能給孩子手機？ 325
如何安排兒童活動時間？ 329
★專欄／防疫期間，如何安排孩子的作息？ 333

Chapter 6 樂事要留心

醫師教你聰明選玩具 336
小心新奇玩具！ 341
兒童防曬要注意 345
兒童太陽眼鏡怎麼選？ 348
兒童脖圈、螃蟹車，可以使用嗎？ 351

120
80

Part 1

孩子的疑難雜症 Q & A

「看別人養小孩都很輕鬆，我們怎麼這麼累！」這是很多爸媽的心聲，請相信黃醫師，除非不用心，自己帶小孩絕對沒有輕鬆這種事。從懷孕開始，到寶寶出生長大，總有各式各樣的問題困擾著爸爸媽媽，讓我們一起來面對和解決這些惱人的疑難雜症吧！

Chapter 1
懷孕時期

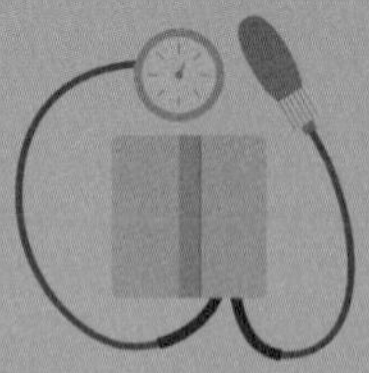

Q1 怎麼進行科學胎教？

先恭喜爸爸媽媽，會想翻開這本書一定是懷孕了，或是家中已經有可愛的寶寶了！還記得發現懷孕的第一天嗎？除了通知親密的家人之外，許多新手父母也會開始上網作功課——要到哪裡做產檢？要買什麼營養品？早上也不再喝咖啡了，遇到有人抽菸能離多遠有多遠，有人用微波爐更是躲得遠遠的。既開心又緊張的心情，是媽媽們一輩子最美好的體驗之一。

一旦知道懷孕了，就開始有人告訴你胎教很重要，這個不能做，那個也不能做。上網查詢關於胎教的資訊，還會發現許多建議，包括撫摸肚子、聽音樂、跟胎兒說話、用光線照……等方式，實在是千奇百怪。

其實，有幾項在醫學上真正有根據的胎教，新手爸媽可以參考看看。

媽媽保持心情輕鬆愉快

懷孕的過程中，媽媽在身體、心理都承受著極大的變化與壓力，包含體態改變、荷爾蒙變化和寶寶即將來臨的壓力。所以無論是產前或產後，媽媽們都有相當高的比例，會出現憂鬱或焦慮的症狀。

這些憂鬱和壓力，對胎兒有什麼影響呢？

許多研究顯示，媽媽在孕期的壓力會增加胎兒早產、低出生體重的機率，寶寶出生後認知功能和運動能力的發展也較差。所以，讓媽媽在懷孕過程中減少壓力、保持心情愉快，是首要的任務。

在孕期中，媽媽可能常常會覺得悶悶不樂、容易哭、緊張易怒，甚至頭痛、失眠等症狀。有什麼方法可以改善這些狀況呢？

1. 規律產檢，確認胎兒狀況，告訴自己孩子很健康，不要擔心。
2. 保持自己的健康，適度運動，睡眠充足。
3. 維持平常的興趣與嗜好。
4. 尋求家人及朋友的支持，有人可以傾訴，讓壓力有出口可以宣洩。

那麼，什麼時候媽媽需要尋求醫療的協助呢？可以使用下面這個「心情溫度計量表」

（又稱「簡式健康量表 BSRS-5」）來做檢測。心情溫度計是一個簡易的精神症狀篩檢量表，可以迅速了解個人情緒困擾的程度。檢測結果如果是五分以下，屬於正常範圍；六至九分是屬於輕度情緒困擾，建議找家人朋友談一談，抒發個人情緒與壓力；如果總分數超過十分，建議尋求心理諮商或精神科醫師的幫忙。但要注意的是，第六題「有自殺的想法」只要二分或二分以上，就要建議盡速就醫，請專業醫師協助。

心情溫度計（簡式健康量表）

請您（她）仔細回想在「最近一星期中（包括今天）」，這些問題讓您（她）感到困擾或苦惱的程度，然後圈選一個最能代表感覺的答案。

		完全沒有	輕微	中等	厲害	非常厲害
1	睡眠困難，譬如難以入睡、易醒或早醒	0	1	2	3	4
2	感覺緊張不安	0	1	2	3	4
3	覺得容易苦惱或動怒	0	1	2	3	4
4	感覺憂鬱、心情低落	0	1	2	3	4
5	覺得比不上別人	0	1	2	3	4
★	有自殺的想法	0	1	2	3	4

資料來源／自殺防治系列 22- 孕產期婦女之情緒管理

注意懷孕期間的營養狀況

無庸置疑，媽媽在懷孕期間的營養狀況，深深影響胎兒及孩子未來的健康。比如蛋白質不足或過多，都可能造成流產或生長遲滯，缺乏葉酸會增加胎兒神經管缺陷的機率，足夠的微量營養素（維生素及礦物質）則對兒童時期的認知功能發展有正面的效益……等。詳細的建議可參考 P.21。

避免感染

懷孕期間媽媽若有感染，可能經由母體傳給寶寶，或於生產過程中傳給寶寶，如陰道感染、B型肝炎、梅毒、德國麻疹、乙型鏈球菌、水痘、愛滋病、腸病毒等，對胎兒的影響非常大。其中，B型肝炎、德國麻疹和水痘都有疫苗，建議在預備懷孕之前盡量施打完畢。另外，醫院也會在懷孕末期提供乙型鏈球菌的篩檢，若確定感染，要遵照醫師建議完成療程，以減少胎兒受到感染的機會。

胎兒的隱形殺手：環境毒害

環境對胎兒的危害經常被忽略——這可是傷害胎兒的隱形殺手！有研究顯示，媽媽若處於高危害的環境中，孩子出生的異常機率比低危害環境高了百分之五十！可見環境對胎兒的影響有多大。而對胎兒有不良影響的環境危害有哪些呢？

噪音

胎兒從二十四週大開始就可以聽到外界的聲音，有許多文獻探討了環境噪音對胎兒的影響。

★早產及低出生體重：孕婦長時間待在八十分貝以上的環境（如吵雜的市場、施工的工地等），早產風險會提高；居住六十至六十五分貝以上的環境（如持續大聲說話、吵雜的馬路），則可能減少胎兒的體重。

★聽力損害：若孕婦工作環境噪音大於八十五分貝以上，孩子在四至十歲時，高頻聽力損害的風險較高。

還好，政府於一〇三年已通過職業安全衛生法，其中第三十、三十一條明訂雇主應對有母性健康危害之虞的工作，採取危害評估、控制及分級管理措施。所以在職場上，孕婦若處於噪音超過八十五分貝的環境，必須調整工作。懷孕的媽媽們如有暴露於噪音下的狀況，請務必跟雇主反應。

孕婦應避免接觸的隱形殺手

噪音、抽菸（含二手菸）、空氣汙染、殺蟲劑、有機溶劑（如甲醛）、熱傷害及重金屬（如油漆），孕婦都應該要避免接觸哦！

熱傷害

太熱的環境對胎兒也有不好的影響，有研究顯示孕婦在第一孕期（前三個月）泡三溫暖的話，會增加胎兒神經管缺陷（脊柱裂）的風險。

抽菸（包含孕婦抽菸及二手菸）

有非常多的文獻，證實孕婦吸菸會增加胎兒流產、死產、低出生體重、唇顎裂及嬰兒猝死症的風險，為了寶寶健康，所有父母都不可抽菸、拒絕菸害。

空氣汙染

空氣汙染也被發現和胎兒的低出生體重、早產有關，另外也可能與胎兒的心臟異常和唇顎裂相關。

殺蟲劑、農藥

有文獻顯示，孕婦暴露於有殺蟲劑的環境中，可能導致流產；長期暴露在農藥環境中，則可能影響胎兒的神經發展。

有機溶劑（如甲醛、苯及氯仿等等）

有機溶劑充斥在我們生活中，如居家裝潢、美甲、美髮及油畫顏料等。許多文獻都證實，長時間接觸有機溶劑，會增加神經缺陷、唇顎裂及心臟缺陷的風險。

重金屬

許多油漆及顏料都含有重金屬，如鉛、汞及鉻等，公共設施如公園遊樂器材的戶外油漆，更要特別小心。孕婦暴露在重金屬環境下，尤其是鉛，會造成孩子出生後神經發展異常及心血管系統畸形。

Q2 孕婦飲食要注意什麼呢？

「一人吃兩人補」，懷孕媽媽的飲食營養非常重要，但飲食過多或過少都不好，不只要吃得飽，更要吃得巧！

孕婦飲食原則

關於準媽媽的飲食，我們可以參考國民健康署的建議：

1. 自第一孕期開始，孕婦每日須增加十公克的蛋白質攝取，約略等於三百毫升鮮奶或三分之二掌心（四十公克）的肉片。
2. 自第二孕期（十二週之後）開始，孕婦每日須增加三百大卡的熱量，約略等於每天增加四分之三碗的飯，加上半個掌心（三十公克）的肉片或二百四十毫升鮮奶。
3. 要特別注意補充葉酸，建議孕前一個月到懷孕期間，每日須攝取六百微克的葉酸。綠色蔬菜、豆類及柑橘類水果都含有葉酸，若平時飲食中較少攝取，可在醫師指導下補充葉酸錠劑。

④ 懷孕期間，要注意礦物質及維生素的攝取，特別是碘、鐵及鈣。

- 碘：孕婦的碘攝取量建議每天兩百微克，若攝取不足會造成胎兒神經發育不全及生長遲緩。國人碘攝取量普遍不足，可使用加碘鹽，多攝取海帶及海藻等。
- 鐵：孕婦的鐵攝取量建議每天十五至四十五毫克，若攝取不足會影響胎兒腦部及精神狀況。可多攝取紅肉、深綠色蔬菜及豆類等。
- 鈣：孕婦鈣攝取量建議每天一千毫克，以免孕婦本身鈣質流失。可多食用低脂牛奶、優酪乳、豆腐及深綠色蔬菜等。
- DHA：DHA是一種長鏈多元不飽和脂肪酸，研究顯示，母親懷孕時和寶寶出生後若持續補充DHA，並且哺餵寶寶母乳，兒童時期的智商較佳。準媽媽在孕期間可適量攝取深海魚。

注意環境危害

在預防環境危害方面，孕婦飲食要注意什麼呢？

小心蔬果中的農藥

我們每天吃的蔬菜水果中，多少都含有農藥，但孕婦長期攝入過量農藥，可能會危害胎兒神經發展，甚至增加白血病的風險。

孕期飲食原則

第一孕期每日增加 10 公克蛋白質（奶蛋肉類），第二孕期每日增加 300 大卡熱量（全穀根莖類＋奶蛋肉類），要特別注意綠色蔬菜及魚類的攝取哦！

黃醫師無毒小祕方

如何正確選擇蔬果 & 避免攝取農藥

我們可以做的有這些：

- 選擇 CAS 認證或產銷履歷的蔬果。
- 買回家後泡水十至十五分鐘，清洗要確實。
- 選擇當季盛產水果。
- 不在颱風前後購買搶收的蔬果。

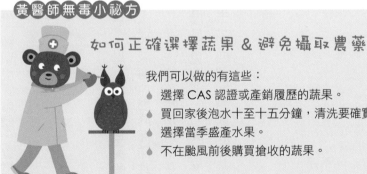

黃醫師無毒小祕方

如何攝取足夠 DHA 並預防危害？

我們可以透過選擇魚種及量的控制，來減少暴露於甲基汞的風險：

- 建議吃的魚種：鮭魚、鯖魚、秋刀魚，都是不錯的選擇。
- 絕對不要吃：鯊魚、旗魚，汞含量很高。
- 孕婦要吃多少量呢？一次約一百二十克（約一掌心），一週二至三次。

有些農藥已被證實是一種環境賀爾蒙，會增加隱睪症及尿道下裂的風險，或影響甲狀腺功能。

海鮮中的重金屬

深海魚含有豐富的 DHA，是孕婦補充 DHA 的好來源，但同時也帶來了風險。由於深海魚屬於海洋食物鏈的下游，在體內累積許多重金屬汙染，特別是甲基汞。若是攝取過量甲基汞，會危害胎兒腦部，造成發展遲緩，尤其以第二孕期（十二至二十四週）暴露於甲基汞的風險最高。

Q3 懷孕期間，需要哪些營養補充品？

其實，如果孕婦的飲食均衡且足夠，是不需要額外吃營養補充品的。然而，根據「國民營養健康狀況變遷調查」（二〇一三年至二〇一六年）發現，國人普遍攝取不足的有以下：

★維生素方面：維生素D及維生素E。

★礦物質方面：鈣、鐵、鎂、鋅及碘。

根據「國人膳食營養素參考攝取量」修訂第八版，孕婦每日建議攝取量為：

★維生素D：10μg（400IU）。

★維生素E：14mg。

★鈣：1000mg。

★鐵：第一、二孕期15 mg，第三孕期45mg。

★鎂：355mg。

★鋅：15mg。

★碘：225 微克。

★葉酸：懷孕時期需求量增加，也是常建議要補充的營養素，建議攝取量為 600μg。

綜上所述，依市面上孕婦維他命來看，大致都符合建議的補充量範圍，媽媽們可以選擇較為信任的大廠牌購買與補充。

此外，DHA 也是孕期建議添加的營養素，而深海魚是最佳的 DHA 來源。但如果不習慣或不方便吃深海魚，也可以考慮額外補充 DHA 營養品（如魚油）。懷孕時期 DHA 的建議攝取量為每天一百五十至三百五十毫克，建議選擇較為信任的大廠牌購買、補充就可以了。

懷孕或哺乳，可以施打新冠疫苗嗎？

在截稿這時，台灣的新冠病毒疫情正在高峰，雖然大家努力戴口罩、關在家不敢出門，但在有限的疫苗選擇中，媽媽或準媽媽們面臨了一個難題，疫苗是打或不打？會影響寶寶嗎？

準媽媽打新冠疫苗有危險性嗎？

面對這個問題，疾管署很保守地回答：「目前缺乏孕婦接種 COVID-19 疫苗之臨床試驗及安全性資料，而臨床觀察性研究顯示，孕婦感染 SARS-CoV-2 病毒可能較一般人容易併發重症。孕婦若為 COVID-19 之高職業暴露風險者，或具慢性疾病而易導致重症者，可與醫師討論接種疫苗之效益與風險後，評估是否接種。」

這樣的回答當然很安全，但媽媽或準媽媽們看了只是滿頭霧水，高職業暴露風險如女醫師或女護理師們更是頭痛。

相對於疾管署的小心翼翼，我們來看看美國疾管局的建議。在二〇二一年六月十六日的網頁中，美國疾管局提到，懷孕的媽媽們萬一感染新冠病毒較容易發生重症，若接種新冠疫苗可以保護孕婦免於重症；而基於目前有限的觀察性資料，專家們認為接種新冠疫苗不太可能對孕婦造成危險性。雖然人類的臨床試驗仍在進行中，但已有動物實驗證實，新冠疫苗對於懷孕的動物是相當安全的。此外，英國的疫苗接種和免疫聯合委員會（JCVI），更在二〇二一年六月十六日的聲明中，直接建議所有的孕婦都應該施打新冠疫苗。

孕婦應該施打何種疫苗？

第二個問題來了，該選擇什麼疫苗呢？台灣目前可選擇的疫苗越來越多，有mRNA的莫德納疫苗、BNT輝瑞疫苗、國產高端疫苗和病毒載體的AZ疫苗。根據美國疾管局的解釋，所謂的mRNA疫苗不含活的病毒，不會進入細胞核，所以不會和人類的DNA發生交互作用，或造成人類基因的變化，就學理上來說是比較安全的選擇。嬌生疫苗和AZ疫苗都是病毒載體疫苗，是使用改良過的病毒作為載體送入人類細胞，來製造新冠病毒的表面蛋白。以此技術製造的疫苗以前也施打在孕婦過，都沒有發生健康上的問題，理論上應該也是安全的。

實際上，目前只有美國有超過十萬的孕婦施打輝瑞、莫德納疫苗的報告，結果並沒有發現對孕婦有特別的風險，而AZ疫苗和高端疫苗的資料就較為缺乏。因此，英國疫苗接種和免疫聯合委員會建議，如果孕婦可以選擇疫苗種類，應以輝瑞或莫德納等mRNA疫苗優先。

那麼，如果媽媽或準媽媽們在懷孕前或孕期中，已經打了第一劑AZ疫苗，第二劑要打AZ還是其他疫苗呢？關於這個問題，目前沒有一致的建議或報告。但是，英國疫苗接種和免疫聯合委員會有統計，大家最擔心AZ罕見的血栓副作用，大都發生在施打第一劑之後；如果

名稱	輝瑞或莫德納	AZ 疫苗
種類	mRNA	病毒載體
孕婦安全性證據	較強	較弱
哺乳是否可施打	可以	可以
孕婦是否可混打	不建議	不建議

第一劑打完沒事，第二劑卻發生血栓，那更是非常罕見的。相對於目前混打疫苗的研究中，幾乎沒有孕婦的安全性報告，因此孕婦要混打不同種類的新冠疫苗，必須更謹慎評估。綜合以上資料，我個人認為如果孕婦第一劑已經打了 AZ 疫苗，第二劑還是續打 AZ 疫苗，風險較低，期待之後有更完整的研究。

哺乳媽媽應該施打疫苗嗎？

那麼，正在哺乳的媽媽可以施打新冠疫苗嗎？這點台灣和美國看法大致相同，雖然缺乏哺乳媽媽施打新冠疫苗的安全性資料，但專家根據學理上的推論，認為應該對媽媽和寶寶都不會造成危險，所以是可以施打新冠疫苗的。而且最近的報告顯示，如果媽媽接受 mRNA（如輝瑞或莫德納）新冠疫苗，媽媽的母乳中可以檢測出新冠病毒的抗體，能讓寶寶增加對於新冠病毒的保護力哦。

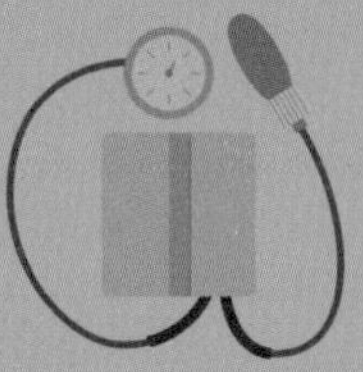

Q4 母乳親餵要怎麼進行？

媽媽界流傳著一句話，不要以為生完就沒事了，餵母奶才是大魔王啊！還記得我老婆生第一胎時，產前也是信心滿滿，結果餵母奶之路走得很坎坷，嚴重的乳頭混淆、常遇到塞奶、乳腺炎等各種大大小小的難關都遇過，讓老婆傷心又傷身。確實，若不是為了孩子的健康，親餵母奶這件事真的不是每位媽媽都可以使命必達。

每一位哺餵母乳的媽媽，都希望自己隨時有源源不絕的奶量供給寶寶，但現實中會遇到很多主觀、客觀的問題，門診、病房中也常遇到許多因餵母奶而感到焦慮、沮喪的媽媽們。

說了這麼多，只是希望媽媽們都了解，親餵母奶當然很好，但是盡力而為即可，做不到親餵就瓶餵，瓶餵也做不到就餵配方奶。就如我敬愛的前輩葉勝雄醫師說的：「條條大路通母愛，母奶是之一，不是唯一。」

要上戰場前，先準備好配備

雖然親餵母乳能否成功，個人體質影響很大，但還是有一些策略可以幫助媽媽增加成功的機會，順利達陣。

★基本配備：哺乳枕（月亮枕）、母乳收集袋、羊脂膏（緩解乳頭不適）、一張高度適合的椅子。

★選配：電動擠乳器、哺乳巾、哺乳衣等。

盡量於寶寶出生三十分鐘內，開始第一次哺乳

早期和寶寶進行肌膚接觸和吸吮乳頭，可以刺激泌乳激素分泌，增加親餵成功的機會。

寶寶的食物盡可能以母乳為主

寶寶剛在學習親餵的初期，很容易因為瓶餵產生乳頭混淆，因此除非經醫師評估後建議，否則盡量以親餵母乳為主；另外，吸吮次數也與母乳分泌的量有正向關係。

避免一開始就給寶寶奶嘴或瓶餵

對寶寶而言，瓶餵比親餵輕鬆很多，如果本來瓶餵很輕鬆就可以吸到奶，改成親餵要用力吸才有奶，精明的小寶寶索性先大哭一番，讓媽媽心軟投降。如果真的在磨合期中，寶寶出現體重下降，且下降程度超出生理性脫水的範圍，或是有低血糖的症狀時，也可在醫護人員指導下，以針筒、湯匙、小杯子配合餵奶（要小心別嗆到）。

視寶寶需求餵奶，不須拘泥於固定時間

一開始親餵，媽媽和寶寶都在學習，主要採取「餓了就喝」的方式，新生兒一天親餵八至十次以上是很常見的事。頻繁地親餵也有助於母奶分泌，只是媽媽要多辛苦一些了。媽媽們有時會擔心寶寶沒吃飽，其實短期來說，可以看寶寶每天是否有六片濕透的尿布，長期則觀察每個月體重是否有成長，如果都有達標就不用太緊張。

調整姿勢，增加親餵成功機會

這是我覺得親餵成功最重要的因素之一，唯有媽媽和寶寶都覺得舒服、放鬆的姿勢，才能餵得長長久久。不正確的哺乳姿勢不僅讓寶寶吸得費力，媽媽很也容易乳頭受傷、腰痠背痛。

哺乳媽媽親餵的3種基本姿勢

搖籃式　　橄欖球式　　側躺式

常使用的哺乳姿勢有以下幾種：

★橄欖球式：把寶寶輕輕夾於腋下，頭部在媽媽胸前，腳位於媽媽背部，像夾橄欖球的姿勢。寶寶頭部須墊枕頭以支撐，腿部亦可放置支撐物，寶寶身體成一直線。

★搖籃式：將哺乳枕置於媽媽腿上，寶寶橫躺於哺乳枕上，身體呈一直線，類似平常抱著哄寶寶睡覺的姿勢。

★側躺式：媽媽和寶寶都呈側躺姿勢，寶寶面向媽媽乳房，寶寶背後可墊枕頭支撐，防止掉落。

爸爸和其他家人的支持

親餵母乳要成功，家人的支持非常重要。許多月子中心、醫院，甚

黃醫師無毒小祕方

爸爸真的可以是神隊友！

在加拿大有一個研究，將另外一〇七對父母安排一系列衛教課程和相關安排，另外一〇七對新生兒父母則依照平常的出院準備。結果發現有爸爸一起參與，不但哺餵母乳的成功率較高，媽媽對爸爸的滿意度也較高，覺得爸爸在幫助親餵這部分是有功能的。所以各位爸爸們請加油，一起積極參與和支持媽媽親餵母乳吧！

至公司都有開設教導母乳親餵講座，爸爸們務必在產前陪同去上課，才能了解親餵的好處和困難處，不要再背上豬隊友的臭名了。

求助諮詢管道

剛開始親餵一定有很多疑問，找到適合的專家指導非常重要。親餵的難處很少能在電話過程中解決，常常需要當面諮詢，並觀察哺乳姿勢。所以我建議以下幾個管道：

★各醫院的嬰兒室：醫院的資深護理師通常都武功高強，沒有他們沒看過的親餵問題，有困難打電話跟他們約時間就對了。

★月子中心：中心裡通常會有專門負責指導親餵的護理師，有的護理師甚至通過國際認證泌乳顧問的考試，媽媽們在月子中心時可以多加請教。

★小兒科醫師或婦產科醫師：不過門診通常十分繁忙，如果需要很多時間觀察和調整的媽媽，還是可以藉由醫師安排適當的管道或人員來幫忙解決親餵的問題。

Q5 無毒奶瓶&奶嘴怎麼選？

寶寶出生第一件事除了哭以外，就是喝奶。雖然現在親餵母乳是王道，但並不是每位媽媽都可以或準備要親餵，適當的瓶餵能讓媽媽有些喘息的時間，並不需要太過仇視瓶餵這件事。

聰明選擇奶嘴和奶瓶

要瓶餵，會先遇到就是奶嘴和奶瓶的選擇問題。

挑選奶嘴的材質與尺寸

市面上的奶嘴主要分為兩種，白色透明的矽膠奶嘴和黃色的乳膠奶嘴。乳膠奶嘴材質較為柔軟，跟媽媽乳頭觸感較接近，但比較不耐用，味道也較重。矽膠奶嘴較有彈性，耐熱較佳，若無破損可反覆消毒使用數個月，所以目前市面上的主流都是白色透明的矽

黃醫師無毒小祕方

關於雙酚A和塑化劑

因為歐美國家飲食在料理上習慣使用大量的罐頭，而罐頭的內膜塗層常含有雙酚 A，幫助保存食物，所以歐美對雙酚 A 的研究非常多。目前已證實雙酚 A 會減低生育能力，增加糖尿病、肥胖、高血壓和高血脂等代謝疾病的風險。另外，也有報告顯示，在胎兒時期接觸較多的雙酚 A，孩子出生後的智商較低。所以孕婦對於相關塑膠製品也要十分小心，盡量不要使用塑膠餐具，避免用塑膠餐具盛熱食或熱水，以免溶出的雙酚 A 及塑化劑殘害小寶寶。

膠奶嘴。近年來，許多廠牌也會將矽膠奶嘴搭配寬口奶瓶，將奶嘴做寬大一點，模擬乳頭和乳房的形狀。

各家廠牌推出的奶嘴尺寸不盡相同，約略原則如下，S：○至三個月；M：四至五個月；L：六個月以上。奶嘴孔洞還分為標準圓孔、十字和Y字孔。理論上，十字和Y字孔適合較大的寶寶（比如大於六個月），需要自己用力才吸得到奶，可以自己控制流速。標準圓孔則是即使不吸也會有奶慢慢流出，尺寸越大，洞就越大，流速也越快。一般而言，大部分家長還是選用圓孔為主，一次喝奶時間約十至十五分鐘。而隨著寶寶長大奶量增加，喝奶時間卻超過十五分鐘，就可以考慮換大一號的奶嘴了。

塑膠奶瓶好？玻璃奶瓶好？

市面上的奶瓶材質主要分成玻璃和塑膠兩種，也有少數使用矽膠或不鏽鋼製的奶瓶。

玻璃奶瓶是目前的主流，優點是成分單純，沒有塑化劑或雙酚A（Bisphenol A, BPA）的問題，泡奶完沖涼較快。缺點是較重，容易摔破。

塑膠奶瓶的優點是質地輕，耐摔不易破，保溫效果較好。不過，大家最擔心的還是塑化劑的問題，還有雙酚A的疑慮。不過，政府已於二〇一三年訂定「食品器具容器包裝衛生標準」，嬰幼兒奶瓶不得使用含雙酚A之塑膠材質，但近年偶爾還是有奶瓶被檢驗出雙酚A的新聞，所以個人建議還是盡量避免長期使用較好。

0 至 3 個月	每天 16 至 17 小時（包含午睡）
4 至 12 個月	每天 12 至 16 小時（包含午睡）
1 至 2 歲	每天 11 至 14 小時（包含午睡）
3 至 5 歲	每天 10 至 13 小時（包含午睡）
6 至 12 歲	每天 9 至 12 小時（包含午睡）
13 至 18 歲	每天 8 至 10 小時（包含午睡）

資料來源／美國兒科醫學會及《臨床睡眠醫學》雜誌

Q6 怎麼讓寶寶一覺到天明？

吃和睡是小寶寶最重要的兩件事，也是父母帶寶寶來打預防針時最常詢問、抱怨的問題之一。特別是睡眠，如果寶寶睡不好，大人也不用睡了，長期下來不要說上班沒精神，連開車都有危險，是刻不容緩的問題。偏偏好不好睡這件事，大部分是每個寶寶體質的差異，抽到好籤，可能兩個月就可以睡過夜；若是運氣不好，到七、八個月甚至三歲，都還有孩子要喝夜奶。

寶寶的睡眠時間

若是孩子本身睡眠品質就不好，其實是可以訓練的。訓練前，首先要知道寶寶正常每天的睡眠時間（如上表）。

寶寶不是一出生就知道日、夜的差別，一般到二至三個月大時，慢慢會發展出日醒夜睡的節律。二歲時開始，孩子醒的時間會多過於睡眠的時間。

一個完整的睡眠會有兩個時期：

★非快速動眼期：也稱作「安靜的睡眠時期」，是腦部進入極熟睡和休息的狀況。這個時期，身體的血液主要匯流到全身的肌肉作為能量儲存，身體的組織趁此時修復與生長，生長激素也在這個時期大量地分泌，促進身體生長。所以「睡得熟才長得高」，就是這個意思。

★快速動眼期：也稱作「活躍的睡眠時期」。在這個時期，腦部活動增加，寶寶這時期會做夢，手腳有一些活動，微笑甚至笑出聲，是腦部發展的重要時期。

我們會覺得小寶寶才睡一下就又醒了，除了餓了想喝奶之外，主要是因為寶寶每個睡眠週期只有五十分鐘，快速動眼期和非快速動眼期各佔一半。到六個月大時，變成三十%的快速動眼期和七十%的非快速動眼期，睡眠週期也會慢慢拉長，六歲時會增加到九十分鐘。

要怎麼讓孩子睡過夜呢？

我們可以知道，足夠且適量的睡眠對孩子腦部、身體的發育非常重要，對孩子的注意力、行為、學習、記憶力、情緒、心理和生理健康，也都有正面助益。

寶寶睡過夜要點

白天少睡

固定作息

睡前儀式

自行入睡

接下來，我們分齡來討論二歲前的睡眠注意事項，和幫助孩子睡眠的方式。

○至三個月

這個階段最重要的兩個目標：

★訓練寶寶自行入睡。

★訓練寶寶感受日夜的節律。

觀察寶寶想睡時的表現，當寶寶快睡著時就放在小床上，不要抱到睡著了才放進去。白天不要睡太多，可以給予適當的光線和聲音刺激、遊戲等，晚上就要減少活動和降低音量。

四至十一個月

這個階段最重要的三個目標：

★訂定白天和夜間的日程表，按表操課。

★建立固定的睡前儀式。

★讓孩子練習自行入睡。

寶寶六個月大時可以開始戒夜奶，大部分孩子在九個月大時都可以戒成功。白天建議睡三十分鐘到兩小時的午睡，但勿超過三小時。睡前儀式宜靜態輕柔的活動，比如一段輕音樂、按摩、換尿布及餵奶等，建議由同一人訓練，順序固定且不可變動。若寶寶不好入睡，可以給予安撫的物品，像是安撫巾或小娃娃，幫助寶寶自行入睡，但盡量讓孩子在床上自行睡著；一旦孩子習慣有爸媽安撫才能睡著，半夜醒來也會需要爸媽的安撫才能入睡。

一至三歲

這個階段最重要的是維持每天的日程表，偶爾因為生病或旅遊打亂沒關係，要盡快習慣正常作息。一歲半時午睡一天只要一次，一次約一至三小時，不可睡太晚（比如超過傍晚四至五點）以免影響夜間睡眠。這個年紀的孩子非常活潑好動，可能會抗拒入睡，作惡夢和夜哭也很常見。

每個孩子天生氣質不同，有的愛玩、有的愛吃、有的愛睡。愛玩的白天一定要玩到夠累，晚上才睡得好；愛吃的睡前一定要喝飽飽，才可以一覺到天明。

黃醫師無毒小祕方

寶寶睡眠不足，可能有嚴重的後果！

根據研究，四個月以上的寶寶若長期睡眠不足，較容易有注意力、行為和學習的問題，大孩子則會增加意外事件、受傷、高血壓、肥胖和憂鬱的風險。青少年睡眠不足，甚至和自殘、自殺行為有關。孩子的睡眠問題，爸媽們不可不慎！

幫寶寶戒夜奶

對於戒夜奶這件事，我有過一段苦難的時期可以分享給大家。我的二兒子在戒夜奶時非常辛苦，我們該做的都做了，睡前奶也喝很多，白天也操到很累，就是戒不掉，後來想慢慢拉長時間讓他哭一下，偏偏他不喝到奶誓不罷休，又是個大嗓門，哭起來驚天動地讓鄰居差點去報警，大家只好妥協讓他喝。

最後，我們檢討兩件事並加以改善，夜奶才慢慢停掉。第一個是沒有確實讓他自行入睡，還是習慣睡前輕輕拍孩子，希望讓他快點睡著。第二個是尿布，因為睡前奶喝很多，半夜要是不換尿布就會滿出來；還好後來找到晚安褲這項產品，吸收力超強，一片可以撐到天亮。在慢慢嘗試之後，一家老小才終於都可睡過夜了。

Q7 怎麼幫寶寶選張好床？

成人要睡得好，床是一個重要的因素。看到市面上高級床墊動輒數萬甚至數十萬，很多父母會感到疑惑，寶寶也需要很高級的嬰兒床嗎？

嬰兒床的標準

對小寶寶而言，安全才是最重要的，不是越貴的嬰兒床就越安全！只要注意以下的重點，小錢就可以找到安全、舒適的嬰兒床！

1. 選擇通過標檢局 CNS、歐盟 EN716-1、美國 CPSC 或 ASTM 檢驗的商品。目前嬰兒床尚未列入國內標檢局應檢驗商品，廠商不須通過檢驗就可上市銷售；不過，雖然嬰兒床不是標檢局的應檢驗商品，但消保處及標檢局會不定期抽檢市面上的嬰兒床，以維護嬰幼兒安全。選擇廠商有自行送驗通過的商品，至少幫我們做好第一道把關。
2. 床欄間距不可大於六公分，若間距太大，可能讓嬰幼兒頭部卡於床欄間，造成危險。
3. 注意床墊大小要與嬰兒床內徑密合，若有縫隙，可能導致嬰幼兒頭部陷入，引起窒息。

黃醫師無毒小祕方

木製嬰兒床的甲醛殘留

很多嬰兒床都是木製，木製家具要做防腐，都會有甲醛殘留的問題。國內的 CNS 和歐盟的 EN 716-1 都未對嬰兒床的甲醛進行規範，所以如果是木製嬰兒床，要注意有無刺鼻的味道，最好產品本身附有甲醛的檢驗報告比較安全。

4. 床墊要堅實，太過柔軟可能覆蓋口鼻，引起窒息。
5. 床欄的頂部和床墊上緣至少要相距六十六公分，防止幼兒爬出。
6. 床頭板和腳踏板要平整無缺口，角柱不可有勾住寶寶衣服或刺傷寶寶的凸出物。
7. 不建議使用活動式床欄，以免寶寶頭部或手部卡住，導致窒息或受傷。

關於嬰兒床的位置與布置

新買了嬰兒床，好想為寶寶布置出可愛的環境，還有，應該把嬰兒床放在哪裡好呢？

1. 寶寶應與父母同房不同床，嬰兒床可放置於父母的床邊，方便照顧。
2. 嬰兒床上東西越簡單越少越好，不要在床上放置大型玩具和娃娃、枕頭，以及厚重的被子和毛毯，可能會造成寶寶窒息，或加以踩踏爬出嬰兒床。如果冬天擔心寶寶會冷，可開暖氣提高室內溫度，或使

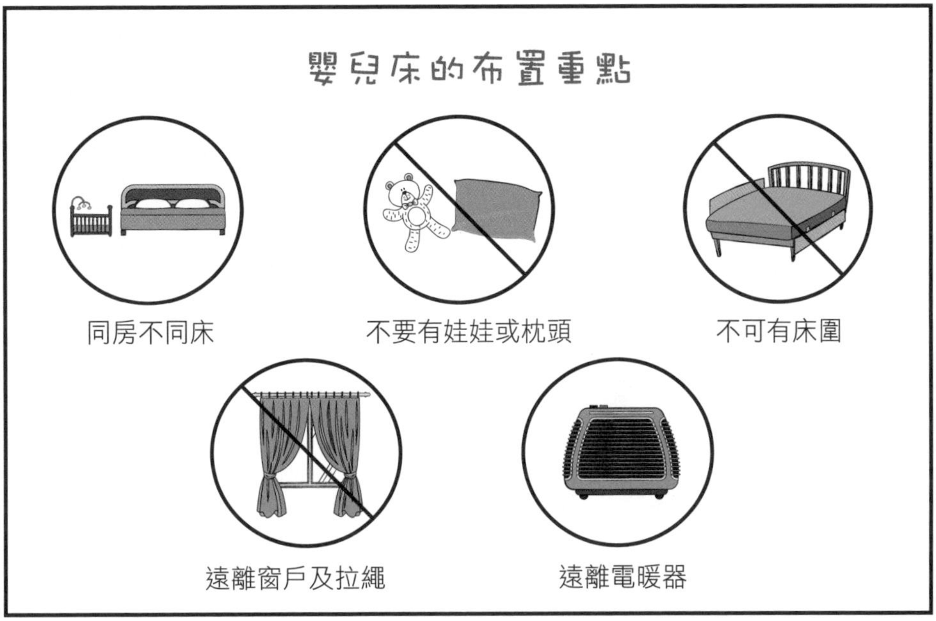
嬰兒床的布置重點
同房不同床
不要有娃娃或枕頭
不可有床圍
遠離窗戶及拉繩
遠離電暖器

用嬰兒防踢被及嬰兒睡袋。

3 不建議使用床圍，研究顯示床圍無法預防寶寶的嚴重撞傷，而且可能有勒住導致窒息的危險；較大的孩子還可能踩著床圍、跨過床欄。

4 嬰兒床要遠離窗戶，窗外直射的陽光或下雨，都可能讓寶寶不適或曬傷。另外也不可靠近有長拉繩的地方（比如窗簾或百葉窗），以免拉繩纏繞住寶寶的脖子，造成窒息。

5 嬰兒床不可離電暖器太近，可能會讓寶寶燙傷。

寫了這麼多，希望大家不會看到頭都昏了，但是孩子的安全再小心也不為過！特別是嬰兒床這樣可以事先準備的用品，一定要選擇安全的產品、做好安全環境的維護，才可以避免憾事發生。

0～6個月，親子飲食的注意事項

〇至六個月，是嬰兒成長、發展的黃金時間！這段時期內，媽媽和寶寶雙方有哪些飲食應該注意的事項呢？

哺餵母乳，有哪些好處？餵多久好呢？

哺餵母乳真的很辛苦，要擔心母奶量不夠、孩子吃不飽，有時還會塞奶造成疼痛、發炎。現在大部分的媽媽們，都知道母奶對寶寶是最天然的食物和營養品，但除了可以餵飽寶寶以外，哺餵母乳還有哪些好處呢？

減少肺炎、細支氣管炎及中耳炎的機率

純哺餵母奶超過四個月的寶寶，比起喝配方奶的寶寶，可以減少七十二%在一歲內得到肺炎、細支氣管炎等下呼吸道感染的機會。另外，純哺餵母奶超過三個月的寶寶，比起喝配方奶的寶寶，可以減少五十%得到中耳炎的機會。

減少腸胃道感染的機率

任何有哺餵過母奶的寶寶，無論哺餵多久，都可以減少六十四%得到腸胃炎的機會。而且這個保護效果，在即使停止哺餵母奶後，還會持續兩個月的時間。

減少過敏性疾病的機率

如果家裡父母或兄弟姊妹有過敏性疾病的病史（如氣喘、過敏性鼻炎及異位性皮膚炎），純哺餵母奶三至四個月的寶寶，可以減少四十三%得到氣喘、異位性皮膚炎和濕疹的機會；如果家裡沒有過敏性疾病的病史，喝母奶也可以減少二十七%得到這些病的機會。

減少長大後肥胖的機率

國外的追蹤研究發現，哺餵母奶的寶寶在成年之後，減少十五~三十%肥胖的機會，平均來說會少了約六公斤的體重，而且血液中高密度脂蛋白（HDL，可以說是人體好的脂蛋白）也比較高。但是很有趣的，同樣是餵母奶，這個結果會因為媽媽直接哺餵或擠出來用瓶餵而有不同。媽媽直接哺餵的寶寶會自我調節喝奶的量，不會一次喝太多；瓶餵母奶的寶寶常常會一仰而盡，媽媽給多少就喝多少，常常會喝太多，結果造成嬰兒過重的情況。

減少糖尿病的機率

哺餵母奶比起配方奶的寶寶，可以減少三十％得到青少年型（第一型）糖尿病，以及四十％成人型（第二型）糖尿病的機會。

促進神經發展

哺餵母奶至少三個月的寶寶，比起只餵配方奶的寶寶，在就學後不管是智力分數或是教師的相關評量，都有較好的表現。

母奶要哺餵多久比較好呢？

根據台灣兒科醫學會的建議，足月產之正常新生兒於出生後應盡速哺育母乳，並持續純哺育母乳到寶寶四至六個月大，但不建議純母乳哺育超過六個月，繼續純母乳哺育者，如無適量副食品補充，會有營養不良的危機。建議於寶寶四至六個月後開始添加副食品，並持續哺育母乳至一歲。基本上，超過六個月或一歲後，可依據母親與嬰兒的意願與需要持續哺餵母乳，沒有年齡之限制。

母奶媽媽怎麼吃？

哺餵母乳的媽媽，每天需要比平常增加五百大卡熱量的食物，水分攝取應達到每天二千至

母奶媽媽的飲食要點

- 每天多吃半碗到一碗飯、多喝一杯牛奶、多吃一塊肉。
- 水份至少 2000 至 3000 毫升。
- 每週一至二次深海魚。
- 多吃深綠色蔬菜、南瓜、紅蘿蔔、奇異果和柑橘。

三千毫升。在哺乳期間請不要刻意減重，餓了就吃，渴了就喝，熱量或營養不足可能會影響母乳的分泌。

增加熱量的原則，是採健康及均衡地攝取六大類食物，但特別要注意蛋白質和水分的補充。蛋白質每天須額外攝取約二十一公克，大約是一杯牛奶兩百五十毫升加上一個掌心大的肉片（六十公克）；素食的媽媽也可將牛奶換成豆漿，肉片則換成同等大小的豆腐。澱粉類如飯，每天可增加半碗到四分之三碗。

脂肪的攝取方面，建議要特別注意不飽和脂肪酸DHA的攝取，DHA對於孩子的智力、神經發展和視覺敏感度都有幫助。美國兒科醫學會（American Academy of Pediatrics）建議，哺餵母乳的媽媽每天要補充二百到三百毫克的 omega-3 多元不飽和脂肪酸，或是每週吃一到二次的深海魚，母乳中就有足夠的 DHA 供給寶寶攝取。

微量營養素的部分，要注意增加鐵質、維生素A和C的攝取。每天鐵質須多攝取三十毫克，深綠色蔬菜和紅肉都是很好的鐵質來源。維生素A每天須增加四百毫克，南瓜和紅蘿蔔都富含β—胡蘿蔔素（維生素A的前驅物）。維生素C最好的來源是新鮮的水果，如奇異果及柑橘類食物。

那麼，有什麼比較不適合吃呢？下列食物應該盡量減少或避免攝取：

★菸、酒、咖啡與濃茶。

★脂肪含量較高的食物，如肥肉、油炸食物等。

★煙燻的加工肉品，如醃肉、鹹魚及火腿等。

★高熱量的零食，如糖果、可樂及汽水等。

如果需要，要怎麼選擇配方奶呢？

如前文所提，有沒有母奶、母奶量充不充沛這些都因人而異，如果真的已經盡心盡力了，還是餵不來或是擠不出母奶，配方奶並不是這麼罪惡的選擇，它還是可以提供寶寶必需的營養。而且所有的配方奶都在努力模仿母奶的成分，有必要還是可以使用的。

黃醫師無毒小祕方

關於母乳的坊間傳聞

母奶媽媽們常會對於一些坊間傳聞有相關的疑問，比如：

卵磷脂可以促進乳汁分泌或改善塞奶嗎？

塞奶是母乳媽媽們很常見的問題，大部分情況都很輕微，一至兩天內會自己緩解，但少數嚴重阻塞無法引流出來，就可能併發乳腺炎。很早以前，卵磷脂就已成為口耳相傳的通乳聖品，曾有研究發現，卵磷脂可增加母奶中的不飽和脂肪酸、減少母奶的黏稠度，因此推測對於通乳有幫助。但目前沒有直接的研究，證實卵磷脂對減少塞奶或促進乳汁分泌有幫助。基本上，還是要經由親餵或是擠奶的方式讓母奶流出，並且保持身體的健康狀態，才是減少塞奶的有效方法。

母奶媽媽可以喝酒或咖啡嗎？

不建議母奶媽媽喝酒，少量咖啡（每天少於三百毫克＝二杯卡布奇諾咖啡）則是可以的，但每個寶寶耐受性不一，若寶寶會明顯躁動不安、影響睡眠，就不建議飲用。

不過，配方奶的牌子琳瑯滿目，我們應該要怎麼選擇呢？

其實配方奶是一個標準很嚴格的產品，以前就發生過廠商稍有輕忽，只是一至二個電解質成分不正常，就引起許多寶寶低血鈣及抽搐的事件。所有六個月以下的嬰兒配方奶，每一項成分都必須依照經濟部標準檢驗局訂定的規範（CNS 6849 N5174），才能在市面上販售。而且衛福部也會隨時抽檢市面上配方奶的衛生安全（是否含細菌、鉛）、營養標示及塑化劑等，所以國內上市販售的嬰兒配方奶應該都符合標準，爸媽們可以安心選購。

Q8 嬰兒背巾怎麼背才安全？

嬰兒背巾是很廣泛使用的嬰兒用品，確實也是很聰明、方便的發明，更帶來龐大的商機，但我們在享受便利的同時，也要小心相關的風險。

美國急診部門統計，一九九二至二〇一一這十年間，每年都有六萬六千位以上的孩子因為嬰兒用品受傷而就醫，發生比例最高的就是嬰兒背巾造成的意外，占了十九．五％。美國消費品安全委員會（Consumer Product Safety Commission，CPSC）在二〇〇三至二〇一三年收到投訴，有十六個嬰兒在使用背巾時意外死亡，其中九個確認是因為窒息導致。所以選擇一件安全的嬰兒背負裝備，並且正確地使用它，是預防寶寶意外傷害很重要的一環。

嬰兒背巾有哪些選擇？

目前嬰兒背負產品主要分成背巾和背帶兩大類，兩者又各分為幾小類。

環狀背巾

袋狀背巾

面後式背帶

面前式背帶

常見的背巾有環狀背巾、袋狀背巾等，這類產品的結構以大面積布料為主，給予媽媽很多自行調整的空間，但也因此使用困難度較高。優點是包覆面積大，隱密性較高，親餵的媽媽可隨時哺乳。但缺點是要包得好、姿勢正確並不容易，學習門檻較高；而且就算包好了，寶寶動一動，姿勢很容易就跑掉。

常見的背帶，有面後式、面前式、混合式等。

不管是哪一種背負方式，最重要的都是寶寶頭部、口、鼻必須露在外面，讓爸媽看得到，其他細節部分則可參考英國背巾聯盟協會建議的 5CM 原則。5CM 表示背巾使用的五個注意事項「T、I、C、K、S」加上寶寶的姿勢「C、M」。

★ Tight：背巾要有適當的緊度，不可太鬆，讓寶寶可貼著爸媽。

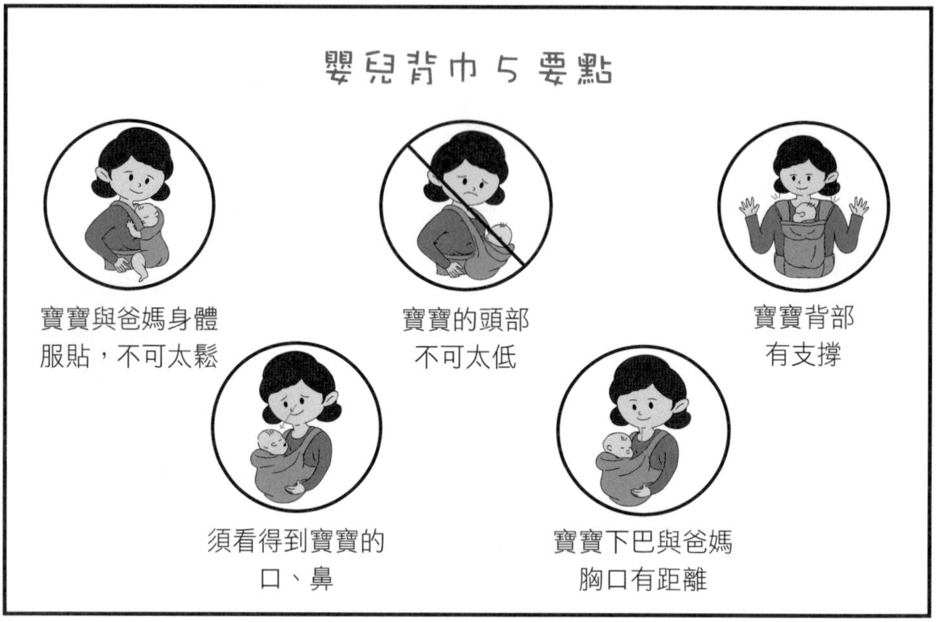
嬰兒背巾5要點
寶寶與爸媽身體服貼，不可太鬆
寶寶的頭部不可太低
寶寶背部有支撐
須看得到寶寶的口、鼻
寶寶下巴與爸媽胸口有距離

★In view at all times：隨時都可看到寶寶的臉，口、鼻部分要清楚可見。

★Close enough to kiss：頭位置不可太低，爸媽低頭就可以親到寶寶的頭部。

★Keep chin off chest：寶寶下巴和爸媽胸口要有適當距離，太緊會妨礙寶寶呼吸。

★Supportted back：寶寶背部要有背巾或背帶支撐，不可呈現蜷曲狀。

★C型背：主要指三個月內的寶寶，背巾或背帶讓其脊椎呈現自然微C型彎曲。

★M字腿：新生兒在發育的過程中，髖關節正常是維持彎曲姿勢（如青蛙般的M字腿），如果長期維持髖關節直立狀態，可能會造成髖關節發育不全甚至脫臼。所以爸媽在背寶寶時要盡量維持髖關節的自然姿勢，讓大腿有往上的支撐，避免影響腿部發育。

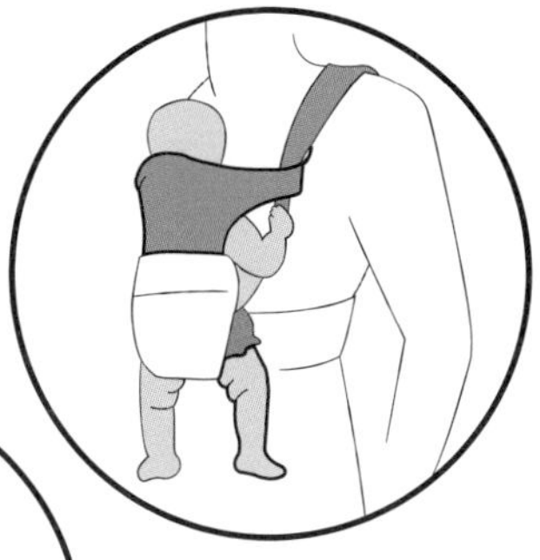

長期維持髖關節直立狀態，可能會造成髖關節發育不全甚至脫臼。

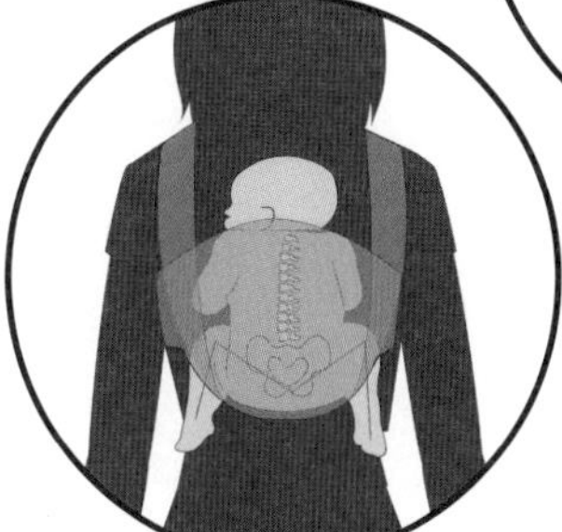

背寶寶時要盡量維持髖關節的自然姿勢。

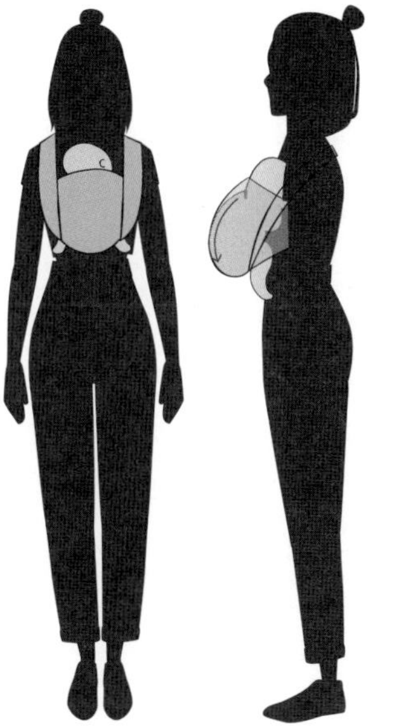

讓寶寶脊椎呈現自然的微 C 型彎曲。

最後談到安全性的問題。近年來，美國消費品安全協會有兩次因為背巾造成嬰兒意外死亡而召回的事件，一次是 Infantino LLC 生產、介於背帶和背巾之間的產品，有三個寶寶在使用這條背巾時意外死亡；另一次是 Sprout Stuff 生產的環狀背巾，有一個寶寶在使用這條背巾時意外死亡。所以，選擇一個檢驗合格的安全的背帶或背巾，真的非常重要！

目前國內標檢局將嬰兒背巾列為非強制送驗的商品，但已擬有國家標準，如 CNS 16006-1 嬰兒背帶：框架式背帶、CNS 16006-2 嬰兒背帶：軟質背帶。建議購買時，選擇有通過 CNS 檢驗的商品，至少在安全性、可燃性及重金屬含量等有基本的保障。另外，歐盟（CE）和美國（ASTM）也都有相關的認證與檢驗標準，提供父母購買時參考。

Q9 打疫苗要注意什麼呢？

台灣的孩子從小到大要施打很多疫苗，這都是為了預防各式傳染病——其中很多是很危險的，感染了甚至很可能會致命！由於政府的德政，大部分的疫苗都已納入公費施打，只有少部分疫苗由於政府經費限制，由父母決定是否自費施打。

對於公費的疫苗，大家不用擔心太多，只要按時施打即可，施打的時程順序可翻閱《兒童健康手冊》中的「預防接種時程及紀錄表」如下。

自費疫苗

目前自費疫苗已經相對很少了，只有輪狀病毒口服疫苗、六個月的肺炎鏈球菌疫苗，以及四至六歲的水痘疫

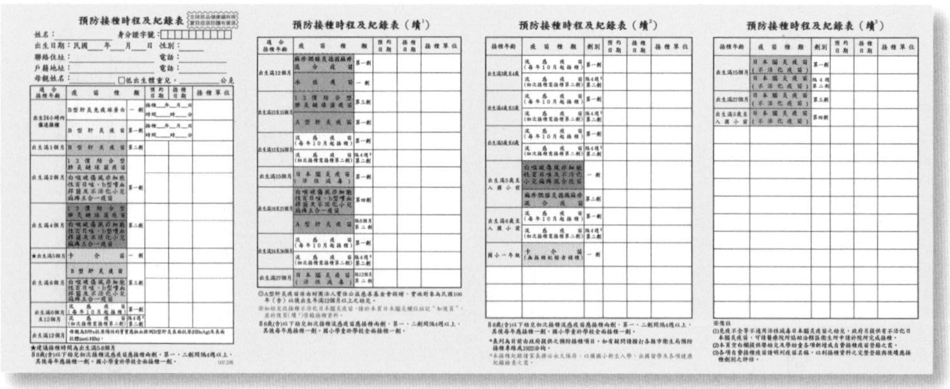

預防接種時程及紀錄表。

兒童自費疫苗

輪狀病毒
- 輪達停，三劑
- 羅特律，兩劑
- 兩種效果一樣好
- 快要變公費

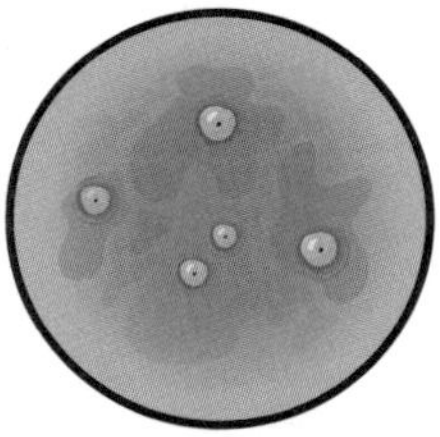

水痘疫苗
- 國小剩一半保護力
- 建議 4 至 6 歲補打

鏈球菌
- 公費只有三劑
- 多打一劑減少中耳炎和肺炎

苗，以下我們來討論這三種疫苗。

輪狀病毒疫苗

每年全世界有超過一億一千一百萬名五歲以下的兒童，因輪狀病毒導致腹瀉，其中有五十萬名兒童會因此死亡。

輪狀病毒的主要的症狀是嘔吐、腹瀉和發燒，病情嚴重的病人會發生脫水症狀，特別是嬰幼兒，症狀最嚴重的常發生在四至三十六個月大的嬰幼兒（疾病部分的相關介紹可見 P.213）。

疫苗是目前公認最有效減少感染的預防方式。現有的輪狀病毒疫苗有兩種，均為口服製劑疫苗。第一種由 MSD 藥廠生產的五價疫苗「輪達停」，共須投予三劑，分別在嬰幼兒第二、四和六個月大時給予；第二種是由 GSK 藥廠生產、製造的單價疫苗「羅特律」，共須投予兩劑，分別在嬰幼兒第二和四個月大時給予。

常有爸媽問：「這兩個疫苗哪個比較有效？」其實都是很有效的，可以降低住院率和嚴重度八十～九十％。而且總價也差不多。

目前輪狀病毒疫苗尚未公費施打，但許多縣市如台北、桃園、台中、台南、新竹及屏東縣市等，都已有不等程度的補助囉！

六個月大的肺炎鏈球菌疫苗

從二〇一五年開始，台灣嬰幼兒全面開放公費施打二加一劑（一歲前兩劑＋一歲後一劑）肺炎鏈球菌疫苗，在這之前，肺炎鏈球菌疫苗一直是以自費三加一劑（一歲前三劑＋一歲後一劑）方式進行施打。

那麼，為什麼公費後要改成二加一劑呢？這就看站在什麼立場了。

★站在政府（群體）的立場：如果全面（或接近全面）按照二加一劑施打時，高施打率將會帶來群體免疫力，不管是肺炎鏈球菌侵襲性感染和肺炎的發生率，都可降到和施打三加一劑的程度相接近的程度了，因此政府自然會選擇成本效益最高的施打方式。

★站在一般民眾（個人）的立場：六個月到一歲之間，仍然是中耳炎及肺炎的高風險期，研究顯示在六個月大時施打一劑肺炎鏈球菌疫苗，可以增加預防中耳炎及肺炎的效果。所以如果經濟情狀許可，個人建議在六個月大時，應該自費多施打一劑肺炎鏈球菌疫苗哦！

四至六歲的水痘疫苗

大多數人小時候都得過水痘吧？發燒和全身搔癢的感覺真的很讓人不舒服，有時病好了還會留下疤痕。現在國中以下的小朋友，在一歲時幾乎都打過水痘疫苗了，可是門診還是看得到長過水痘的孩子，怎麼會這樣呢？

台灣疾管局在二〇一三年對國中及國小生抽血檢驗，發現只有五十五．五％的兒童還有水痘抗體，等於將近一半都是沒有保護力的，所以一部分的孩子還是很可能感染水痘。美國從二〇〇七年開始就在兒童四至六歲時再追加一劑水痘疫苗，結果也確實讓五至十四歲的水痘發生率大幅下降八十～九十％。所以在台灣，四至六歲補打一劑水痘疫苗確實有其必要性。

有人會說得水痘沒關係，發燒、長疹子就好了啊？確實，大部分的水痘會自行痊癒，但還是可能發生嚴重的併發症，像是腦炎、肺炎、皮膚感染及敗血症等，不可不慎。

疫苗仍是目前最有效的預防方式，否則感染水痘之後，病毒會終身潛伏在體內，等到日後我們抵抗力低下時，變身為帶狀疱疹（皮蛇），後患無窮！

黃醫師無毒小祕方

台灣製造的腸病毒疫苗

讓人引頸期盼的腸病毒七一型疫苗終於露出曙光！國光生技子公司安特羅生技與高端疫苗都已宣布腸病毒七一型疫苗在台灣完成三期臨床試驗，最快二〇二一年可取得藥證。目前全球只有三家疫苗公司取得腸病毒七一型藥證，但都是中國的公司，而且使用的腸病毒亞型和台灣的B4亞型不一樣，期望本土製造的腸病毒七一型疫苗，可以針對台灣的孩子們提供更好的保護力！

水痘疫苗目前的建議如下：

★一歲：接種第一劑公費水痘疫苗。

★四至六歲：自費補打第二劑水痘疫苗，提升身體的保護力。

★十三歲以上及成人：若沒有得過水痘可先抽血檢查，如果沒有抗體也可施打兩劑水痘疫苗，兩劑需間隔二十八天以上。

Q10 孩子有鬥雞眼嗎？

鬥雞眼是內斜視的俗稱，是指孩子的眼睛往中間（鼻樑）靠攏，外側眼白較多、內側眼白較少的症狀。關於寶寶的內斜視，首先要區別是真的內斜視或假性內斜視。若是真的內斜視，當然要盡速找小兒眼科醫師就診，但其實更常見的是假性內斜視。

確認是否為假性內斜視

東方人鼻子較為扁平，內眥贅皮較寬，會蓋住較多的內側眼白，所以外觀看起來常有鬥雞眼的感覺，但其實並沒有真正的內斜視。我們可做兩個簡單的測試。首先，在五十公分外用手電筒照射寶寶的眼睛，若光線都落在兩眼瞳孔正中央，就是正常眼位，沒有內斜視問題。也可使用遮蓋測試，拿東西遮蓋一隻眼睛，再快速換成遮蓋另一隻眼睛，觀察眼睛是否有移動。若交替遮蓋過程中，眼睛直視前方沒有移動，也沒有斜視的問題。

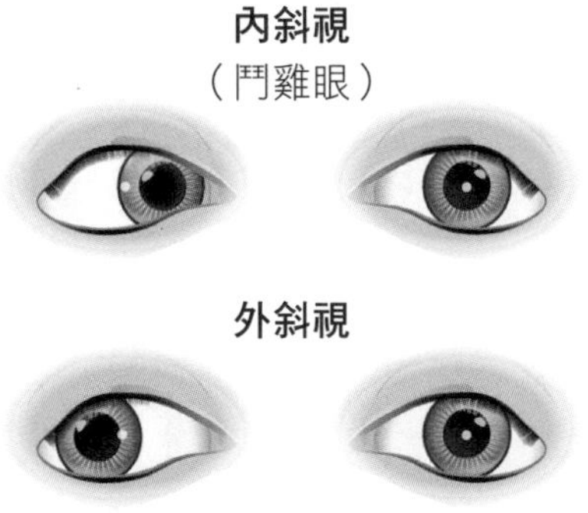

如圖，左眼都是正常眼位，上圖右眼是內斜視，光點會落在瞳孔外側。下圖右眼是外斜視，光點會落在瞳孔內側。

Q11 寶寶一直有小豬聲怎麼辦？

寶寶常常發出「齁齁齁」的小豬聲，是不是感冒了？還是鼻子過敏？

為什麼會有小豬聲？

最常見的小豬聲來源，是因為鼻子或喉嚨的關係，但幾乎不是大問題，請不用太擔心。

鼻子造成的問題

鼻子塞住造成呼吸比較粗糙、大聲的異聲，這種情況十分常見，像是小感冒、空氣灰塵、甚至胃食道逆流，都可能造成寶寶輕微的鼻炎。這樣的鼻塞通常很快就會恢復，可在鼻腔滴一小滴生理食鹽水，用吸球吸出來，再使用棉花棒清理，就會逐漸改善。

當然也有比較少見的原因，像先天後鼻孔閉鎖或先天梅毒，也會造成嚴重的鼻塞，但這些出生時在醫院就會被發現了，不太可能讓爸媽直接帶寶寶回家。

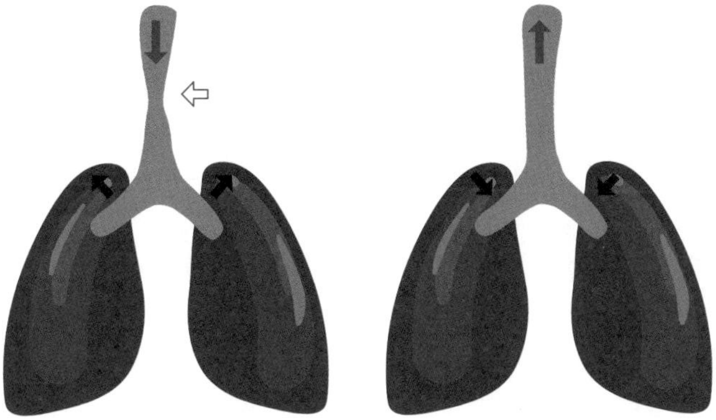

喉嚨造成的問題

喉嚨造成的呼吸異聲，最常見就是軟喉症了，這聲音一般會比鼻塞高頻和單純，像是喉嚨被掐住的感覺。我們的聲帶上方，有許多軟骨幫忙我們控制呼吸和發聲，正常情況下，這些軟骨是較堅硬有彈性的；但有的寶寶剛出生時，這些軟骨還沒發育成熟，質地較軟且容易塌陷，所以當寶寶吸氣時，這些軟骨就會扁掉而暫時壓迫到呼吸道，可以聽到寶寶的喉嚨發出喘鳴聲。

一般而言，當寶寶四至六週大時症狀會開始，六至八個月大症狀會最嚴重，二歲之前喘鳴聲會消失。超過九成以上的軟喉症會隨著時間改善，所以是不需要治療的。但有少數的情況須考慮進行會厭上軟骨雷射手術，像是寶寶會呼吸困難、發紺、睡眠呼吸中止、餵食困難及生長遲緩等，就要早點就醫，讓醫師評估了。

Q12 男寶寶的包皮，割還是不割？

對出生幾天的新生兒進行割包皮（割禮），是很多國家或宗教長久以來的習俗。但除此之外，割包皮對寶寶到底有沒有好處呢？還是只是讓寶寶無端受苦呢？

剛出生的男寶寶都有包莖，正常情況下隨著年齡長大，包皮和龜頭中間的黏合會慢慢鬆開，一直到三歲，只剩下十%的小男生還會有包莖。所以部分的包莖是會慢慢改善的。

醫界、宗教與文化的觀點

美國兒科醫學會二○一二年發表一份聲明，摘要如下：「經過美國兒科醫學會系統性回顧一九九五到二○一○年的文獻，男寶寶出生後進行預防性的割包皮，在健康上的好處多過於手術的風險。這些好處，包括了可以減少一歲內泌尿道感染的風險、減少成人後異性感染HIV以及其他性傳染病的風險。醫師應對父母清楚解釋割包皮的好處和風險，父母要同時衡量自己的宗教、道德和文化的因素，在醫療上的好處無法凌駕這些其他的因素。」

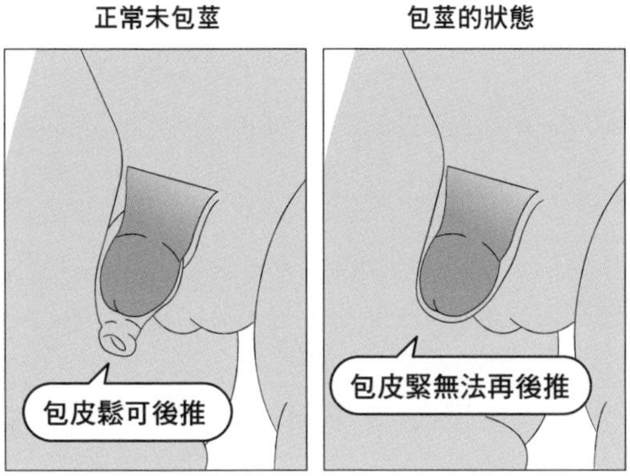

美國疾病控制與預防中心（CDC）在二〇一四年也發布了相同的建議。相關聲明引起軒然大波，許多學者大力批評（比如 Frisch and Earp），反對這篇聲明引用的文獻。美國疾病控制與預防中心也不是省油的燈，逐一駁斥 Frisch and Earp 的批評。

所以，男寶寶到底要不要常規割包皮呢？目前爭議還很大，就如美國兒科醫學會聲明中所說，醫療上的好處無法凌駕宗教、道德和文化的因素。這暗示了如果你家庭的習俗，男寶寶是要割禮的，那就去割吧；但若沒有這樣的習俗，倒也不必為了這麼一點點的健康益處，讓寶寶去挨這一刀。

建議進行手術的病理性包莖

但在醫療上有一些狀況是要考慮割包皮的，就是所謂病理性的包莖，有以下幾個情形：

★反覆泌尿道感染，疑似包莖引起。

黃醫師無毒小祕方

包皮垢需要清潔嗎？

偶爾就有爸媽帶小弟弟來詢問：「包皮下方有時看到一塊白白的，需不需要清潔呢？」

那些黃白色的物質叫做包皮垢，是脫落的上皮細胞和分泌物混合而成，可以保護龜頭，免於摩擦和傷害，並有潤滑的作用。如果包皮很輕易翻得開就可以清潔，但若翻不開，千萬不要硬翻開來清，以免造成受傷發炎！一般來說，四歲以後包皮和龜頭會逐漸分離，之後才翻得開哦。

★小便時會在包皮內蓄積成一個水球，才能尿出來。這表示包莖的狀況十分嚴重，包皮開口太小了，容易有感染的問題。

★反覆包皮龜頭發炎。

若是有以上情況，建議與醫生進行進一步的討論。

Q13 寶寶臉上常紅紅的，會有問題嗎？

有的小寶寶臉紅通通地像蘋果一樣，讓人忍不住想捏一下！但若蘋果臉一直持續的話，可能是有問題的哦！

寶寶臉紅紅的常見原因

有哪些原因，會造成寶寶的臉紅通通的呢？

熱疹

就是俗稱的痱子，是由於寶寶的汗腺阻塞，導致汗液排不出去所引起，十分常見。有四十%的寶寶會長痱子，大部分出現在出生後一個月內，可能是密密麻麻、細小透亮的水珠狀，或是細小水泡的小紅疹。分布區域以額頭、脖子及軀幹為主。主要避免環境溫度過熱、流汗，改著透氣衣物，熱疹自行就會消退。

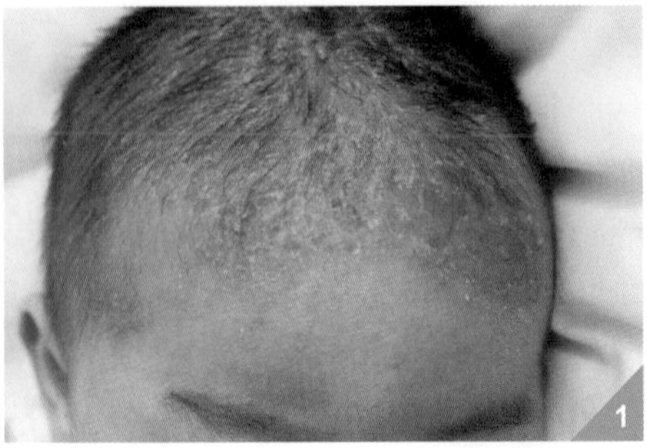

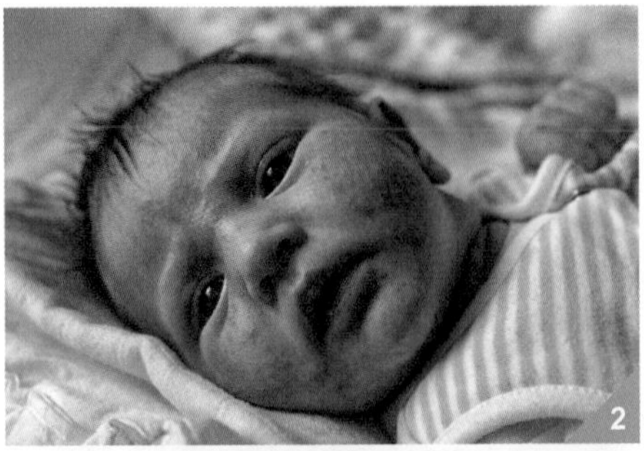

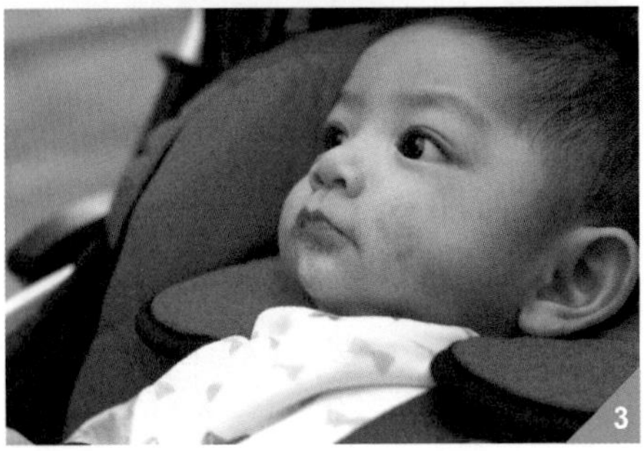

新生兒痤瘡

有人戲稱新生兒痤瘡為「新生兒青春痘」，是因為寶寶出生後雄性激素暫時升高所引起，相當常見，約二十%的寶寶會長。就像青少年的青春痘一樣，分布區域以額頭、鼻子和兩頰為主，外觀看起來就像青春痘一樣，有白色的膿頭合併皮膚紅腫。一般二至三週大時會出現，可持續到二個月大。

一般來說無須治療，只要以清水洗臉，等雄性激素慢慢消退後，自然會改善。

口水疹

口水疹其實是一種臉部的濕疹，為一種皮膚炎，起因於頻繁的口水刺激皮膚所引起。常見位於下巴、臉頰等口腔周圍部位，呈現塊狀、平坦的紅疹。若是寶寶有吃奶嘴的習慣，或嘴巴周圍常有食物殘渣未清理，就會引起口水疹。寶寶在二至三個月大時，唾液腺發育較成熟，會開始容易流口水，直到一歲才會慢慢減緩。

在預防和治療上，唯有盡可能地保持皮膚乾爽，使用沾水棉布勤勞地吸掉口水，避免使用紙巾大力擦拭，減少口水停留在皮膚上的時間；也可使用圍兜，濕掉就更換，才可減少口水疹的發生。另外也可使用嬰兒的護膚霜，擦在寶寶易沾到口水的部位，可預防皮膚直接接觸到口水。但如果皮膚已經發炎，形成紅紅一塊塊的濕疹樣，建議還是就醫治療哦！

脂漏性皮膚炎

寶寶出生後數週開始，因為皮脂腺分泌旺盛、母親賀爾蒙和表皮上皮屑芽孢菌的影響，許多孩子在頭部、眉毛、耳朵、頸部、腋下和股溝，會布滿黃油油的痂皮，症狀持續到六至八個月大時才慢慢改善，這就是脂漏性皮膚炎。

若症狀輕微不需治療，只要時間到了，皮脂腺功能恢復正常，脂漏性皮膚炎就會自行痊癒。但若痂皮太厚造成照顧不便，可先試抹一些橄欖油或嬰兒油膚於痂皮上，待半小時後痂皮軟化，再輕輕擦除。如果面積較大則建議就醫，一般醫師會使用溫和的類固醇藥膏，搭配抗黴菌藥膏或洗髮精治療，症狀很快就會改善。

黃醫師無毒小祕方

異位性皮膚炎只能擦類固醇藥膏嗎？

現在也有一些自費的非類固醇抗發炎藥膏可選擇，像是普特皮和醫立妥，兩者都是一種外用免疫調節劑，長期擦也不會有類固醇藥膏會讓皮膚萎縮或變薄的副作用，市價約五百至六百元，醫立妥建議使用於三個月大以上的嬰幼兒，普特皮則建議使用於二歲以上。

異位性皮膚炎

異位性皮膚炎與脂漏性皮膚炎都常在嬰幼兒時期出現，有時不容易早期確診，須觀察一段時間，症狀才會逐漸明朗。異位性皮膚炎是由於寶寶皮膚的角質層先天不良，皮膚油脂不足，保濕功能不好，外來的過敏原和病菌容易入侵，造成皮膚發炎。寶寶通常在二至六月大時開始出現症狀，特色是皮膚粗糙和非常搔癢，皮膚的發炎逐漸變嚴重，全身各處都可能有紅疹。隨著年紀增長，紅疹主要出現在四肢和關節皺摺處。

由於異位性皮膚炎起因於皮膚太乾、保水功能不佳，所以治療首重皮膚的保濕，爸媽們要勤快地幫寶寶塗抹保濕乳霜，只要皮膚摸起來不油或乾燥，就要立刻補充。再來就是要減少皮膚的發炎，一般醫師會視症狀，開立適合的類固醇藥膏。如有疑似皮膚感染症狀，也須使用短期抗生素，以免皮膚炎症狀雪上加霜。

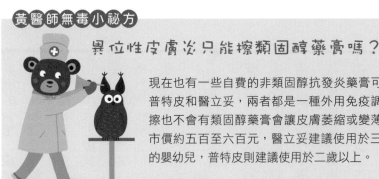

Q14 寶寶動不動就紅屁屁，怎麼辦？

紅屁屁有很多原因，不只有尿布疹會紅屁屁，像異位性皮膚炎或脂漏性皮膚炎也可能會紅屁屁，但確實以包尿布引起的最常見。在這裡，我們先就單純和包尿布相關的皮膚炎來討論。

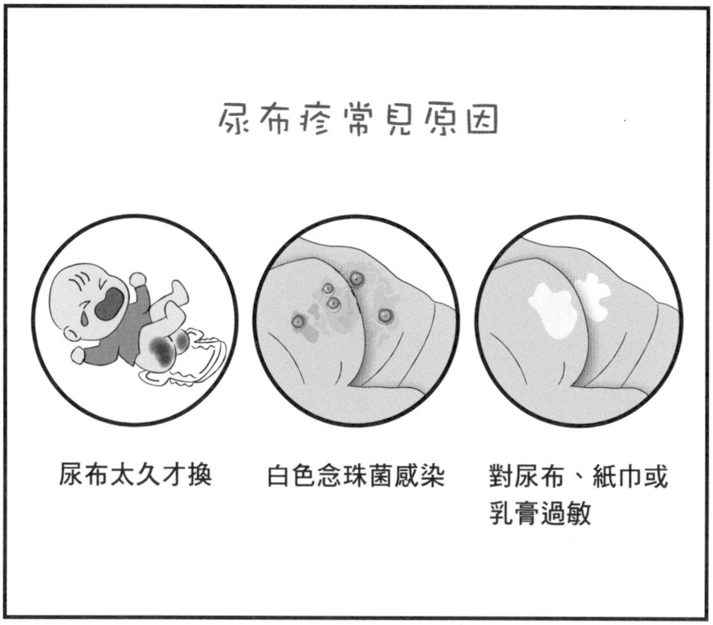

尿布疹常見原因
尿布太久才換
白色念珠菌感染
對尿布、紙巾或乳膏過敏

尿布疹的原因

典型的尿布疹，其實就是一種接觸性皮膚炎，美國統計有七～四十%的寶寶得過尿布疹。常見的原因有以下幾個：

尿布太久才換所引起

寶寶的皮膚非常稚嫩，只要尿布裡有小便或大便，稍久一點沒換尿布，就很容易引起尿布疹。小便和大便對皮膚都是刺激的物質，會升高皮膚表面的酸鹼值，活化糞便中的消化酵素，造成皮膚發炎。這種尿布疹分布位置在屁股、會陰、陰囊等較突出的部位。

如果出現尿布疹，最重要的就是勤換尿布，有濕就換，尿布勿包太緊，保持透氣。再來，如果屁股沾到糞便或尿液，盡量用水沖洗後再用棉布吸乾，盡量少用紙巾擦，磨擦會使已受傷的皮膚發炎更嚴重。輕微的尿布疹可以先擦含氧化鋅的屁屁膏做隔離，因為目的是隔離，所以每次換尿布都要擦。但若是比較紅腫的尿布疹，建議還是請醫師診療，醫師會開立比較中弱效的類固醇藥膏，加速皮膚修復。

白色念珠菌感染所引起

如果常常反覆尿布疹，皮膚長期處於發炎狀態，原本常駐在皮膚的白色念珠菌就會趁火打劫，大肆繁殖增長。白色念珠菌是一種黴菌，就和其他黴菌一樣，喜歡潮濕悶熱的地方，如尿布包緊緊的鼠蹊部、會陰部這些皺褶處，就是它的最愛，當然隨著病情變嚴重時，也會長到整片屁股都是。有時單純的尿布疹或是白色念珠菌感染會不容易區分，單純尿布疹對治療反應很好，一般二至三天症狀就會改善，如果還是都沒有進步，就要小心是不是有合併白色念珠菌感染。另外，白色念珠菌的皮疹常會有多發性白頭的小丘

黃醫師無毒小祕方

尿布疹快速復原小絕招！

- 還不會翻身的小寶寶，在月子中心護士們最常使用的方式就是晾屁股不包尿布，讓屁股完全通風。但是要有人一直看著，有尿尿、便便可以隨時處理。
- 可以試看看用兩片尿布黏成一片，加大屁股的空間，讓屁股呼吸一下。
- 如果爸媽心臟夠大，可以讓會坐、會站的大寶寶在家裡不包尿布，這樣會好得很快，但要做好隨時擦地、洗地的心理準備。

疹，我們稱之為衛星狀皮疹的表現，當爸媽看到這個徵狀，就要盡速到院所就診了。

一旦懷疑是白色念珠菌感染，最重要的就是盡快使用抗黴菌藥膏治療。原本的尿布疹照護還是要持續做，讓皮膚炎改善恢復正常的防禦功能，白色念珠菌感染也才好得快。

對尿布、濕紙巾、乳霜或藥膏過敏

人體的免疫系統對任何外來的物質都可能過敏，雖然不常見，偶爾還是有對尿布、濕紙巾或乳液過敏的寶寶。

由於實在很難確診，一般的做法是排除其他原因還是反覆尿布疹的話，就可以試著更換尿布品牌、停用濕紙巾、停用藥膏或更換乳霜看看，如果有改善就有可能是對該品項過敏，最好停用或更換相關的產品。

Q15 孩子需要補充益生菌嗎？

電視常常在廣告，「××益生菌，××教授研發，適合台灣人體質……」，而小孩腸胃炎或肚子痛去藥局或診所，藥師和醫師也會建議吃益生菌。益生菌是這幾年來很熱門的產品，以各種不同樣貌出現在我們生活周遭，包括飲料、各種食品及藥品，甚至連配方奶裡都有廠商添加益生菌來增加賣點。

益生菌真的有這麼好嗎？吃多了會不會有問題？長期吃真的沒有關係嗎？這些益生菌產品大部分都不便宜，花了大錢結果卻不知道有沒有效果，會不會得不償失？

什麼是益生菌？

最早有益生菌的觀念，是來自一九〇八年俄國微生物學家 Elie Metchnikoff 出版的《延年益壽》（*The Prolongation of life*）一書。他發現東歐的保加利亞有許多很長壽的居民，但在當時保加利亞的醫療並不發達，經濟也不富裕，他覺得很奇怪，是什麼因素讓保加利亞的居民可以活得比較久？

為什麼要吃益生菌？

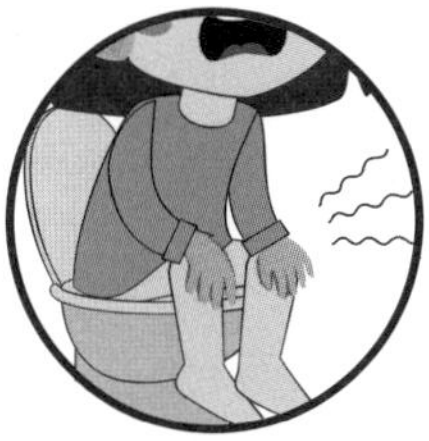

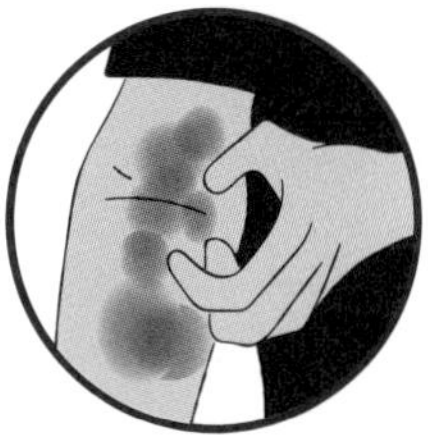

- **治療急性腸胃炎**——有效。
- **預防抗生素引起腹瀉**——有效。
- **預防異位性皮膚炎**——尚未有定論。
- **治療異位性皮膚炎**——尚未有定論。
- **治療便祕**——尚未有定論。

Elie Metchnikoff發現，保加利亞居民跟其他國家不同的地方，是大多以酪農業維生，常常飲用大量的酸奶。進一步研究後發現這些酸奶內含大量乳酸菌，所以他大膽地推測，是這些乳酸菌讓保加利亞的居民雖然貧窮、沒有進步的醫療，還是可以長命百歲。因此他大力提倡食用這些含乳酸菌的酸奶，來幫助身體的健康，他自己也身體力行，每天都喝大量的酸奶。最終他活到了七十一歲才去世，在當時算是相當高壽。

發展至今，益生菌這個名詞已不再只是當年的乳酸菌而已，科學家們給它更新、更廣泛的定義——「一個口服的補充品或食品添加物裡面，含有足量的微生物，而這些微生物可以改變人體的菌落，而且對人體的健康有益。」是不是十分拗口呢？簡而言之，意思就是我們吃進去的這個富含微生物的膠囊或錠劑，可以促進人體健康或減少疾病發生。再簡單點，就從字面上來記，「有益於生命的菌」，就叫做益生菌。

隨著醫學進步，學者也不斷發現新的益生菌，截至目前為止，比較常被大家提到的益生菌有三類——乳酸菌、比菲德氏菌和鏈球菌。要特別注意的是，這三類菌是指三個大家族，並不是所有的家族成員都是益生菌，必須是經過學者反覆實驗、證明對人體有益無害的，才可以認定為益生菌；而且正如人類一樣，再好的家族也可能會有害群之馬，像是鏈球菌家族就有一些惡名昭彰的致病菌，比如肺炎鏈球菌。我們常聽到的LGG、LP33和表飛鳴等等，基本上都是屬於這三類益生菌，當然還有一些其他菌種的益生菌，因篇幅有限就不提。這些益生菌住在我們的胃腸道內，藉由它一些先天的生理特性，像是產生乳酸、短鏈脂肪酸、製造對致病菌有毒的代謝物、刺激細胞激素的分泌等方式，來抑制其他致病菌的生長或是調節免疫機轉，進而達到幫助人體健康的目的。

為什麼要吃益生菌？

市面上益生菌的商品不下數十種，當我們看到或聽到「益生菌對過敏有效」，或是「吃了益生菌對胃腸很好」這樣籠統的說法時，我們應該問的是產品裡含的是哪一種益生菌？含菌量是多少？是不是有達到研究中最低的有效劑量？這種益生菌是針對哪些症狀或疾病有幫助？是不是有夠力的研究支持？以下的部分，我們針對小兒科常見和益生菌相關的一些研究和疾病來做討論，希望可以幫助大家解答心中的一些疑問。

急性感染性腹瀉

對於感染性的急性胃腸炎，益生菌確實有效。目前發現有效的菌株包含了 LGG、S thermophilus、Lactobacillus casei、B lactis 及 Lactobacillus reuteri 等。在治療方面，若在急性病毒性胃腸炎早期使用益生菌，可減少一天的病程。LGG 是目前報告中效果最好的菌種，而且當劑量大於每天每單位 10^{10} 個菌落以上時效果最好。在預防方面，雖然有些研究顯示，長期服用益生菌可減少發生腹瀉機會，如長期吃含 Lactobacillus casei 的優格可以減少發生腹瀉的機率（從二十二%減少到十五．九%），但目前的證據尚嫌不足，所以學者並不支持為了預防急性腸胃炎而長期吃益生菌。

抗生素相關的腹瀉

對於預防吃抗生素引起的腹瀉，益生菌也確實有效。當抗生素和益生菌同時使用時，可以減少腹瀉的機率（從二十八．五%減少到十一．九%），建議劑量大於每天每單位 10^{9} 個菌落，最常被報告的菌種有 LGG、B lactis, S thermophilus 及 S boulardii。但是請注意，益生菌要在吃抗生素之前或同時吃，如果已經吃抗生素一段時間、開始拉肚子了才來吃，就來不及囉！

黃醫師無毒小祕方

益生菌劑量越高、種類越多，效果越好嗎？

常常看到廣告說某牌益生菌菌落數最多，有十種以上的菌種等等。其實益生菌要發揮效果 10^9（1 億）以上的菌數就可以，太多效果不見得好，而且可能會有一點副作用（常見如腹脹、排氣等）。菌的種類也不用多，有效一、二種就足夠，太多菌種會不會交互作用也未知。

預防異位性皮膚炎

許多懷孕的媽媽們也常問我：「到底需不需要補充益生菌呢？」

芬蘭曾於二〇〇三年於醫學雜誌上發表相關研究，研究內容為孕婦從生產前四週開始吃益生菌，嬰兒出生後也繼續食用益生菌直到六個月大，並持續追蹤至二歲。研究發現，食用益生菌這一組發生異位性皮膚炎的機率，明顯小於對照組（二十三% vs. 四十六%）；而繼續追蹤到四歲，這個預防的效果也仍持續（二十六% vs. 四十六%）。

看到這裡，大家一定會覺得：「哇，益生菌的效果真好！」但可惜的是，許多學者不信任這個結果，之後又進行了幾個類似的研究，也無法得到一樣有效的結果。目前的共識認為，關於益生菌的研究結果並不一致，尚無充分的證據建議在懷孕期間常規地食用益生菌。

治療異位性皮膚炎

二〇〇五年在澳洲曾有研究發表，在收案五十三個中重度異位性皮膚炎的小朋友中，使用益生菌 Lactobacillus fermentum，劑量是每單位 10^9 個菌落，結果發現，在吃了八週的益生菌後，有吃益生菌這組的異位性皮膚炎症狀，明顯輕於對照組。但由於目前這方面的研究還是太少，所以到底有沒有效仍然有爭議。

治療便祕

二〇〇七年台灣曾有研究，收案四十五個小於十歲、有便祕疾病的兒童，使用益生菌 Lactobacillus casei rhamnosus（Lcr35），劑量是每天給予每單位 8×10^8 個菌落。在治療四週之後，發現吃益生菌的小朋友，比起對照組有較高的排便頻率、較少使用灌腸次數和較少硬便及血便產生。但是二〇〇四年在波蘭的另一個研究顯示，收案八十四個二到十六歲有便祕問題的小朋友，在每天給予 LGG 每單位 10^9 個菌落十二週之後，發現並沒有明顯的效果。所以目前來說，學者並不建議益生菌使用在治療幼兒的便祕上。

以上提出小兒科對於益生菌比較常見的一些研究和使用，還有一些比較少見疾病方面的使用，容後再續。益生菌對於疾病是一個顛覆傳統觀念的治療方式，用以菌治菌或免疫調節的方式，來治療疾病和促進人體的健康。以目前學術上的證據來說，雖然有些疾病確實有明顯的效果，但還有很多方面證據尚嫌薄弱，需要更多大規模的研究來支持。

Q16 寶寶抓耳朵是耳朵痛嗎？打頭是頭痛嗎？

在門診，常常會有二至三歲以下的家長擔心地問：「為什麼我的孩子會一直抓耳朵？你看，都抓到流血啦！他是不是中耳炎啦？」其實，會造成寶寶抓、拉、扯耳朵的原因很多，但大部分是不用太擔心的。

習慣

四個月大之後的寶寶好奇心強，有一天忽然發現臉旁邊原來有兩個耳朵，會開始玩弄、拉扯，這樣的狀況通常不會超過一歲，因為他接下來會發現世界上好玩的東西更多。

耳屎

耳屎，有個好聽一點的名字，叫耵聹，大家對它的誤解大概可以落落長寫一篇。耵聹不只不髒，它還有重要的功能。耵聹是由外耳道內腺體所分泌，主要是為了保護耳朵，是天然防水的殺菌劑。其實絕大部分的耳屎都不會造成症狀，會自行掉落，不用特別清

寶寶抓耳朵的就醫時機

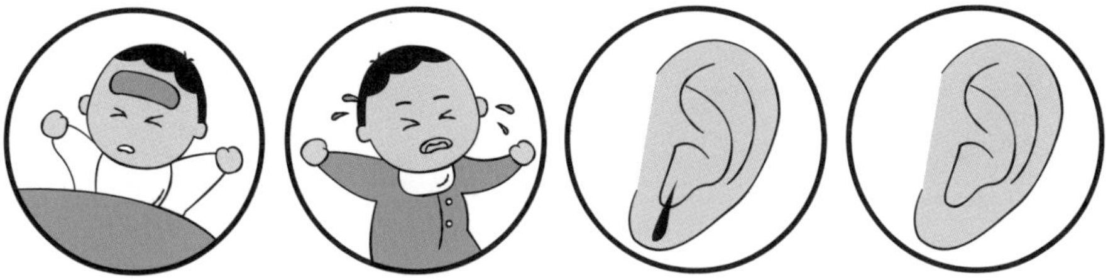
有發燒感冒
不明原因哭鬧
耳朵有分泌物
只抓一邊耳朵

除。少部分會因為分泌太多，或不當使用棉花棒，才會引起症狀。

耳廓前後方濕疹

大家都知道寶寶的皮膚敏感，也會記得幫孩子擦乳液，但耳朵卻常常被忽略了。這類型的寶寶耳廓會出現發紅、脫屑，嚴重時會有滲出液，造成寶寶乾癢不舒服，輕度的可以先試試用嬰兒乳液塗抹，嚴重時須配合藥膏塗抹。

肥皂或其他清潔劑

這些物質可能會刺激耳道，造成孩子耳朵搔癢的感覺，所以在幫孩子洗澡時，要記住摀住耳朵，避免清潔劑流入。

耳朵感染

會產生疼痛，通常會讓孩子哭鬧不安，

黃醫師無毒小祕方

可以自己清理寶寶的耳朵嗎？

美國兒科醫學會建議不要使用棉花棒進耳道，大部分的棉花棒都比兒童的耳道大，可能會將耳屎推得更深；也不建議使用牙籤或其他工具，在清除的過程中很容易傷到耳道，造成感染。而且，過度清除反而更容易造成耳朵搔癢。所以老話一句，有問題還是請醫師處理比較好哦。

或拍打耳部、頭部來表現，有時會合併發燒、耳朵流出液體、聽力下降的症狀。

耳朵異物

有時是因為去郊外導致蚊蟲飛入，或是好奇心驅使讓而兒童將小玩具置入耳朵（但若有耳屎保護，異物不易到耳道深處，所以不要再嫌耳屎不好啦），可能會造成疼痛、感染及有異物感。

那麼，我們要如何區分呢？雖然在家沒有專業的器材，但我們可以記住幾個警訊：

★伴隨發燒、感冒症狀或孩子精神活動力不佳。

★不明原因的哭鬧，會半夜醒過來。

★耳朵有分泌物。

★總是拉、抓同一側耳朵。

如果有以上警訊，建議及早就醫哦！

Q17 孩子又瘦又小怎麼辦？有辦法長高嗎？

「你的孩子怎麼這麼瘦小，有沒有給他吃飯啊？」

聽到這種話，爸媽一定一肚子火，又覺得委屈。每個孩子的體質不同，有的從不運動卻長到一百八十公分，有的每天跑跳，卻小小一個；有的喝水都會胖，有的怎麼都吃不胖。高、矮、胖、瘦是相對而不是絕對，若說孩子瘦小，一定要跟正常的孩子生長做比較。

生長曲線圖表

大家都知道《兒童健康手冊》裡有男生和女生的生長曲線圖表，下方的橫軸是年齡，直立的縱軸是身高、體重和頭圍。我們要對應孩子的身高、體重是落在生長曲線上的哪個位置，才能判斷孩子是不是太瘦小或是太胖。

大家可以看到圖表上共有五條生長曲線，從最上一條往下依序是九十七個百分位、八十五個百分位、五十個百分位、十五個百分位、三個百分位。將孩子依照橫軸的年齡，對照縱軸的身高、體重和頭圍做標示，就可以知道孩子比起同齡兒童的身高、體重和頭

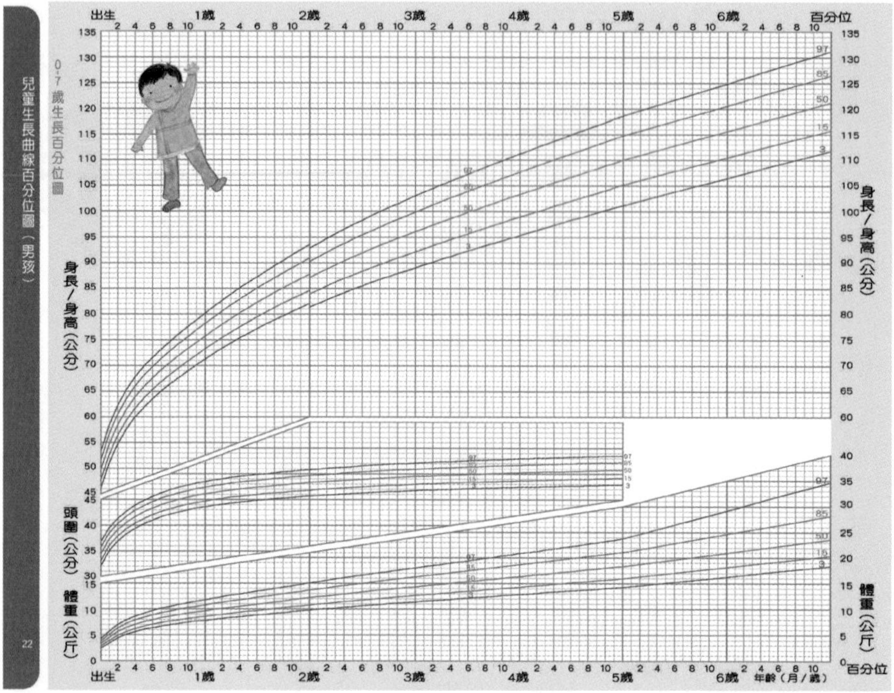

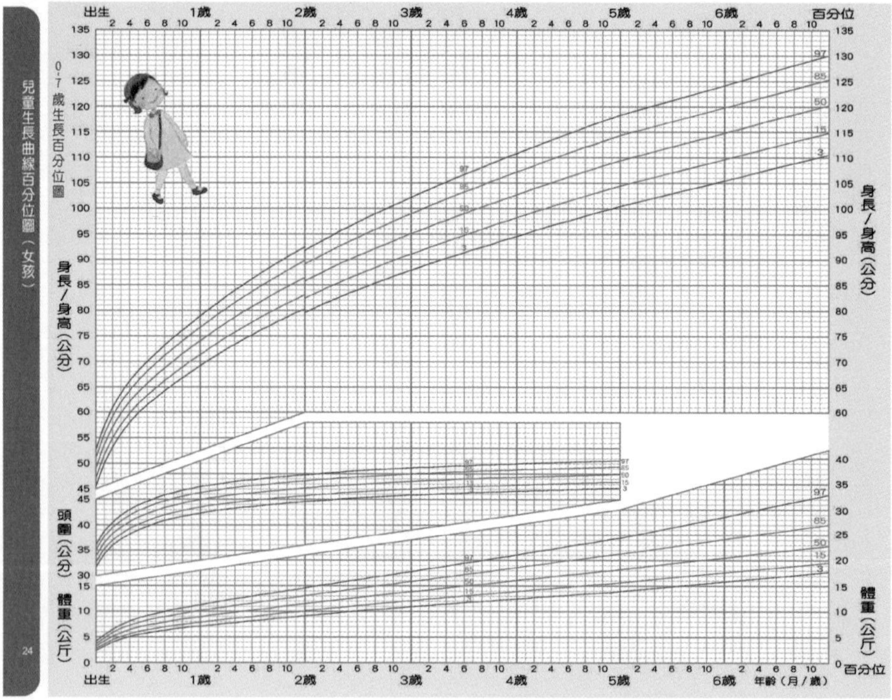

資料來源／《兒童健康手冊》，國民健康署

圍，位於哪個百分位之間。

比如小明今年三歲，身高是一百公分，體重是十五公斤。我們先找到橫軸的三歲，往上找到標示縱軸一百公分、十五公斤的位置，就可以得出小明的身高是八十五百分位，體重是介於五十～八十五百分位之間。

怎麼知道孩子的生長可能有問題呢？生長曲線圖就是很好的工具。原則上，有兩個情況我們必須請醫師評估是否進一步檢查，第一個是嚴重的超標，第二個則是變化太大。

★嚴重的超標：身高或體重超過九十七百分位，或低於三百分位。

★變化太大：短時間身高或體重上升或下降超過兩條曲線，比如原來身高是八十五～九十七百分位之間，半年掉到十五～五十百分位之間，表示這段期間其他孩子都有在長，我們的孩子則幾乎沒有長高。

如何知道孩子生長遲緩？

如果覺得太複雜，有一個原則可以簡單記一下，二歲以後每年長不到四公分，或長不到一公斤，就需要就診請醫師評估了。

身高、體重和頭圍，是醫師評估孩子生長遲緩的三個重點，醫師會針對這三個的相關性先做初步的分類。大致上可分為三類：

1 身高和頭圍正常，只有體重不足：通常是胃腸的問題，比如消化吸收不好、慢性腹瀉……等。

2 頭圍正常，身高和體重都不足：要考慮內分泌的問題，比如生長激素缺乏、甲狀腺的問題。

3 頭圍、身高和體重都不足：要考慮先天異常，比如染色體疾病。其他如透納氏症、普瑞德威利氏症候群，也是小兒科醫師要考慮的原因之一。

以上是醫師判斷的原則，父母只要大略了解即可。不過，大家最在意的還是兩點：身高太矮、體重太輕。

身高太矮

我們常在媒體上看到一些聳動的故事，小男生因為太矮小而被霸凌，經診斷為缺乏生長激素，補充生長激素後身高突飛猛進，再也不會被欺負了……這些故事或宣傳，經常撩動父母最深層的擔心：「我孩子也很矮小，會不會被欺負啊？長大以後找不到結婚的對象怎麼辦？現在再不打生長激素，會不會就沒機會了？」其實，生長激素缺乏症的孩子真的很少，我們看到矮小的孩子，大部分都是歸為家族性及結構性的生長遲緩。

★家族性生長遲緩：其實就是遺傳，若爸爸、媽媽都不高，希望孩子要長到一百八十公

不靠藥物也能長高嗎？

分真的不容易，當然偶爾會有例外，但真的不多。

★結構性生長遲滯：俗話說「大隻雞慢啼」，有的孩子生長期比較慢開始，青春期尾聲才突飛猛進、暴風成長。這樣的體質常會有遺傳性，可以問爸爸、媽媽小時候是不是也比較慢長，如果是的話就不用太擔心了。

體重太輕

太瘦的孩子，也常常讓父母背負很大的壓力，長輩看到一次就唸一次。很多原因會影響孩子的體重，如吃得太少、活動量太大、代謝太快（如甲狀腺亢進）或消化吸收不良（如慢性腹瀉）……等。

因為太瘦來就診時，除了以基本檢查來排除疾病因素外，醫師會請你記錄孩子連

黃醫師無毒小祕方

如果爸媽都不高，打生長激素有用嗎？

確實在一些臨床的使用上，對於家族性或是不明原因的生長遲緩施打生長激素，目前的結果看起來似乎有一點點的效果，但是會有幾個問題：

- CP 值很低：生長激素非常昂貴，施打期很長，療程所費不貲。施打效果較好的都是真正缺乏生長激素的個案，對於家族性或不明原因，可能只會長高一點點，也有很多人是沒有效果的。而且孩子為了這個微妙的幾公分，必須每天挨針，父母可能要想想值不值得。
- 副作用未知：此治療主要是應用在真正缺乏生長激素的個案，使用在家族性或不明原因的生長遲緩，經驗仍然不多。對於不是真正缺乏生長激素的孩子，長期大劑量施打生長激素會不會引起副作用，目前尚無結論。較讓人擔心的，還是不知是否增加兒童癌症或糖尿病的機率。若日後證實真有影響，就太得不償失了。

續三天的飲食，最好可以包含一天的假日。除了沒有熱量的水以外，其他食物種類和數量都要詳實記錄，比如白飯半碗、絞肉兩匙、牛奶一杯等。醫師可以根據這個記錄，評估孩子每天攝取的熱量夠不夠？那些營養素比較缺乏？再給父母適當的飲食建議，以及營養補充品的建議。

常用的營養補充品有兩類：

★麥芽糊精類產品：如糖飴或粉飴，是澱粉去做水解轉化後的產品，主成分是碳水化合物，可以添加在任何食物中，來補充碳水化合物和熱量。

★高熱量的奶類製品：如小安素，一歲以上的孩子可使用小安素來增加熱量攝取。

Q18 怎麼這麼小開始發育了？是性早熟嗎？

隨著飲食西化和環境賀爾蒙的影響，這幾年性早熟的孩子越來越多，父母也越來越注意到孩子性早熟的問題。

什麼是性早熟？

小兒科醫師有一個口訣，女八男九；女生八歲以下，男生九歲以下，開始有性徵發育的跡象，就算是性早熟。關於性徵的發育，男女有所不同：

★女生：最早開始是乳房的發育，在乳暈下可以摸到小小的硬塊（發育的乳腺），可以是兩邊或一邊。之後有開始長陰毛、腋毛，大約二至三年後月經開始來潮。

★男生：最早是睪丸的變大，之後陰莖變大、陰毛與腋毛生長、變聲及喉結。睪丸變大十分難以察覺，小兒內分泌科醫師的門診會有一串大小不一、橢圓木丸子狀的工具，醫師會在門診中以此來比對小男生的睪丸大小和體積，藉此判斷是否有發育的跡象。

性早熟一定有問題嗎？

事實上，大部分的女生性早熟是所謂「特發性性早熟」，也就是找不到原因；但男生的性早熟，卻有六成以上是因為中樞神經病變導致，不可不慎。

會有性徵的發育，源自於性荷爾蒙的影響。如果造成性早熟的性荷爾蒙，是從正常的下視丘—腦下垂體路徑而來，這樣的性早熟為「真性性早熟」。真性性早熟有可能是正常的變異（意即本身就是性早熟的體質），但也有可能是腦部或腦下垂體腫瘤的原因造成，所以小兒內分泌科醫師有時會安排腦部核磁共振檢查，來排除相關的可能性。

若造成性早熟的性荷爾蒙，是從腎上腺腫瘤、卵巢腫瘤或睪丸腫瘤等外源性路徑而來，就叫做假性性早熟，一定都是異常而須盡快治療的，千萬不要以為是「假性」就沒關係。

性早熟的危險訊號

關於性早熟，有哪些危險訊號是父母一定要注意的呢？

★男生的性早熟：性早熟以女生為主，發生率是男生的四至十倍；男生發生性早熟大部分是有問題的，一定要積極地找尋原因。

★二至六歲的性早熟：正常情況下，二至六歲時的卵巢是處於休眠期，在此時出現性徵，很可能是不正常原因引起，一定要就醫詳細檢查。相反，七至八歲的小女生，可能因

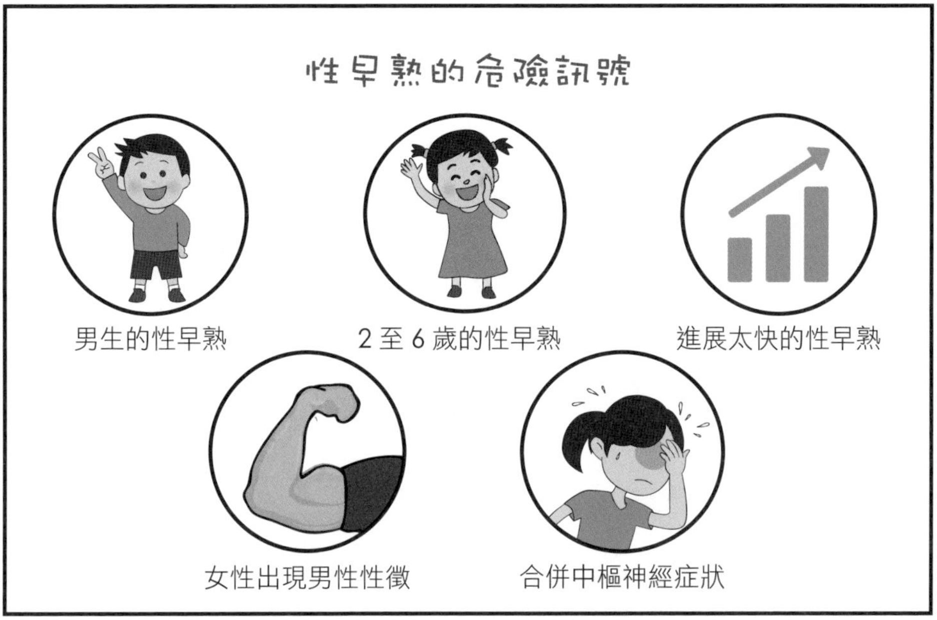
性早熟的危險訊號
男生的性早熟
2 至 6 歲的性早熟
進展太快的性早熟
女性出現男性性徵
合併中樞神經症狀

為遺傳、環境或飲食因素，有特發性性早熟的不在少數，如果初步檢查沒有問題，就無須太擔心。

★進展太快的性早熟：短時間乳房發育變大、乳暈變深，甚至陰部有經血及分泌物，必須小心有腫瘤的可能性。

★女性出現男性性徵：比如長青春痘、陰毛、腋毛甚至鬍子等，最常見的是腎上腺腫瘤持續分泌雄激素，造成男性第二性徵的出現。

★合併中樞神經症狀：若同時有如頭痛、嘔吐或視力異常等，要小心腦部腫瘤的可能性。

性早熟的相關檢查

關於性早熟，可能會做什麼檢查呢？

黃醫師無毒小祕方

月經提早來，就不會長高了嗎？

父母最在意的，應該是性早熟的孩子會不會停止生長，或是長不高了。如果已經排除疾病的原因、骨齡也在正常範圍，即使第二性徵提早出現，孩子身高也會照自己的進度在生長，最終身高還是可以達到醫師預期的身高，並不是每個性早熟的孩子都需要藥物治療哦！

★身體理學檢查：身高、體重、其他性徵的檢查。

★骨齡檢查：一張左手的X光，即可讓醫師判斷孩子骨骼發育狀況，甚至可以推論成年後的身高。

★性荷爾蒙的抽血檢查。

★腹部超音波：排除腎上腺腫瘤，檢查子宮及卵巢。

★腦部核磁共振造影檢查。

如何預防性早熟？

這裡是指針對非疾病引起的女生特發性性早熟，須避免外源性賀爾蒙的接觸和吸收：

1. 脂肪會分泌雌激素，孩子要避免過胖，並減少油炸食物，飲食要均衡，避免攝取過多油脂。
2. 避免接觸環境賀爾蒙，如塑化劑。須減少使用塑膠製品，特別是塑膠餐具、塑膠杯，或用塑膠袋裝食物——特別是熱食。

Q19 家有小胖弟、小胖妹，該怎麼減重？

根據教育部學生健康檢查報告，台灣學生過重及肥胖比率接近三成。國小、國中就胖，其中四至七成的孩子長大還是胖。千萬不要心存僥倖，以為小時候胖不是胖，其實兒童肥胖已儼然成為未來的國家健康問題了。

兒童肥胖不僅會影響成人時的健康，在兒童時期就會開始出現症狀。在門診中，已有許多小胖弟、小胖妹有高血糖、高血脂的問題，雖然胖胖的很可愛，但實在讓人為他們的健康感到憂心。

孩子多胖才是肥胖呢？

並不是自己感覺不胖就不胖，也不能以大人的 BMI 值為標準。根據衛生福利部定義，以 BMI 值大於同年齡與性別的八十五百分位是過重；超過九十五百分位，則算是肥胖。各年齡與性別的 BMI 九十五百分位請參考下頁表格。

衛福部 102 年 6 月 11 日公布

BMI= 體重（公斤）/ 身高 ^{2}（公尺 ^{2}）

年紀	男性 過輕	男性 正常範圍	男性 過重	男性 肥胖	女性 過輕	女性 正常範圍	女性 過重	女性 肥胖
	BMI ＜	BMI 介於	BMI ≧	BMI ≧	BMI ＜	BMI 介於	BMI ≧	BMI ≧
0.0	11.5	11.5-14.8	14.8	15.8	11.5	11.5-14.7	14.7	15.5
0.5	15.2	15.2-18.9	18.9	19.9	14.6	14.6-18.6	18.6	19.6
1.0	14.8	14.8-18.3	18.3	19.2	14.2	14.2-17.9	17.9	19.0
1.5	14.2	14.2-17.5	17.5	18.5	13.7	13.7-17.2	17.2	18.2
2.0	14.2	14.2-17.4	17.4	18.3	13.7	13.7-17.2	17.2	18.1
2.5	13.9	13.9-17.2	17.2	18.0	13.6	13.6-17.0	17.0	17.9
3.0	13.7	13.7-17.0	17.0	17.8	13.5	13.5-16.9	16.9	17.8
3.5	13.6	13.6-16.8	16.8	17.7	13.3	13.3-16.8	16.8	17.8
4.0	13.4	13.4-16.7	16.7	17.6	13.2	13.2-16.8	16.8	17.9
4.5	13.3	13.3-16.7	16.7	17.6	13.1	13.1-16.9	16.9	18.0
5.0	13.3	13.3-16.7	16.7	17.7	13.1	13.1-17.0	17.0	18.1
5.5	13.4	13.4-16.7	16.7	18.0	13.1	13.1-17.0	17.0	18.3
6.0	13.5	13.5-16.9	16.9	18.5	13.1	13.1-17.2	17.2	18.8
6.5	13.6	13.6-17.3	17.3	19.2	13.2	13.2-17.5	17.5	19.2
7.0	13.8	13.8-17.9	17.9	20.3	13.4	13.4-17.7	17.7	19.6
7.5	14.0	14.0-18.6	18.6	21.2	13.7	13.7-18.0	18.0	20.3
8.0	14.1	14.1-19.0	19.0	21.6	13.8	13.8-18.4	18.4	20.7
8.5	14.2	14.2-19.3	19.3	22.0	13.9	13.9-18.8	18.8	21.0
9.0	14.3	14.3-19.5	19.5	22.3	14.0	14.0-19.1	19.1	21.3
9.5	14.4	14.4-19.7	19.7	22.5	14.1	14.1-19.3	19.3	21.6
10	14.5	14.5-20.0	20.0	22.7	14.3	14.3-19.7	19.7	22.0
10.5	14.6	14.6-20.3	20.3	22.9	14.4	14.4-20.1	20.1	22.3
11	14.8	14.8-20.7	20.7	23.2	14.7	14.7-20.5	20.5	22.7
11.5	15.0	15.0-21.0	21.0	23.5	14.9	14.9-20.9	20.9	23.1
12	15.2	15.2-21.3	21.3	23.9	15.2	15.2-21.3	21.3	23.5
12.5	15.4	15.4-21.5	21.5	24.2	15.4	15.4-21.6	21.6	23.9
13	15.7	15.7-21.9	21.9	24.5	15.7	15.7-21.9	21.9	24.3
13.5	16.0	16.0-22.2	22.2	24.8	16.0	16.0-22.2	22.2	24.6
14	16.3	16.3-22.5	22.5	25.0	16.3	16.3-22.5	22.5	24.9
14.5	16.6	16.6-22.7	22.7	25.2	16.5	16.5-22.7	22.7	25.1
15	16.9	16.9-22.9	22.9	25.4	16.7	16.7-22.7	22.7	25.2
15.5	17.2	17.2-23.1	23.1	25.5	16.9	16.9-22.7	22.7	25.3
16	17.4	17.4-23.3	23.3	25.6	17.1	17.1-22.7	22.7	25.3
16.5	17.6	17.6-23.4	23.4	25.6	17.2	17.2-22.7	22.7	25.3
17	17.8	17.8-23.5	23.5	25.6	17.3	17.3-22.7	22.7	25.3
17.5	18.0	18.0-23.6	23.6	25.6	17.3	17.3-22.7	22.7	25.3

資料來源／《兒童肥胖防治實證指引》，國民健康署

比如，小明是八歲的男生，身高一百二十公分，體重三十二公斤，算出來 BMI 是二十二，大於右頁表中這個年齡男生的上限二十一．六，因此小明算是肥胖。

要怎麼幫孩子減肥呢？

減重前要先設定目標，不是越輕越好，而是要達到適當的 BMI。兒童減重和成人不同，兒童還在成長，過度減重或快速減重會影響孩子的健康和發育，目標應以維持目前體重或略微減重為主，等孩子抽高，BMI 自然就下降了。針對這部分，美國兒科醫學會在二〇〇七年提出建議，根據孩子年齡和 BMI 百分位來調整減重的目標建議，如下表。

以八歲的小明為例，對照下表六至十一歲，BMI 大於、等於第九十五百分位（肥胖），減重目標建議就是漸進減重，以每個月〇．五公斤為限。

年齡層	BMI 嚴重度	減重目標建議
2-5 歲	85th-94th 百分位，無健康風險	維持體重增加速度
	85th-94th 百分位，有健康風險	維持目前體重或減緩體重增加速度
	≥ 95th 百分位	維持目前體重。但如果 BMI 超過 21，則可接受每月不超過 0.5 公斤的減重程度
6-11 歲	85th-94th 百分位，無健康風險	維持體重增加速度
	85th-94th 百分位，有健康風險	維持目前體重
	≥ 95th 百分位	漸進減重，以每月 0.5 公斤為限
	≥ 99th 百分位（或≥ 120% of 95th 百分位）	減重，以每週 1 公斤為限
12-18 歲	85th-94th 百分位，無健康風險	維持體重增加速度；如已經不再長高，則維持目前體重
	85th-94th 百分位，有健康風險	維持目前體重或是漸進減重
	≥ 95th 百分位	減重，以每週 1 公斤為限
	≥ 99th 百分位（或≧ 120% of 95th 百分位）	減重，以每週 1 公斤為限

資料來源／《兒童肥胖防治實證指引》，國民健康署

兒童減重 85210

每天睡滿 8 小時

天天 5 蔬果

每天 3C 使用少於 2 小時

每天活動 1 小時

飲料 0 糖分

表格中所提的健康風險包括以下，只要有一個就算：

❶ 身高低於該年齡層的十五百分位、智力發展遲緩。

❷ 三高：血壓、血脂或血糖偏高。

❸ 有肥胖或早發性心血管家族史：男性小於、等於五十五歲，女性小於、等於六十五歲。

❹ 有不良生活習慣或飲食習慣。

設定好目標，我們就要開始進行減重，要怎麼做呢？一開始最重要的是調整父母的心態，要有決心、積極介入孩子生活型態的調整。減重的方式和成人的少吃多動有點不同，兒童肥胖治療必須從健康飲食、身體活動及充足睡眠三方面來進行，我們可以簡單記成「8、5、2、1、0」的口訣：

★8：每天睡滿八小時，這是針對十三至十八歲的孩子。不同的年齡有不同的建議睡眠時間，可參考P.38。研究顯示，充足的睡眠可減少肥胖的風險。

★5：飲食要天天五蔬果。孩子不可節食或禁食，要採用低熱量的均衡飲食，主要食物應為蔬菜、水果、全穀類、低脂牛奶、瘦肉、低脂魚類等。要避開的地雷食物為多脂肉類、油炸食物、燒烤食物、甜食、零食等。

★2：坐著看電腦、電視、電玩、手機的時間，建議低於兩小時，特別是學齡前的孩子。

★1：每天至少要有一小時的活動時間，要有六十分鐘以上中度費力（運動時還可說話，但無法唱歌）到高度費力（運動時講話會喘）的活動。活動種類不限傳統的運動項目，包括走路、慢跑、騎單車、戶外的遊戲、保齡球、遛狗等皆可。

★0：喝的飲料零糖分。孩子最好的飲料就是純水，避免喝含糖飲料，包括果汁、汽水、茶飲、運動飲料等。

兒童肥胖已是疾病或準疾病的狀態，這幾年，越來越多小兒科醫師投入兒童肥胖的治療，如果不知道孩子是否需要減重，或想諮詢相關問題，可以先就近在醫療院所請教小兒科專科醫師：如有減重需求，再請醫師幫忙轉診到相關科別進行治療。絕對不要相信坊間或網路上沒有醫療證照的減重專家，以免不適當的減重方式危害孩子的健康。

6～12個月，輕鬆製作無毒副食品

所謂副食品，就是寶寶除了喝奶以外，在生理上還沒成熟到可以吃成人食物之前，我們所給予寶寶的過渡性食物。何時開始吃副食品呢？四個月？六個月？這個問題爭論已久，各有支持者。

什麼時候開始吃副食品好呢？

支持四個月就開始吃副食品的人，覺得四到九個月是寶寶免疫耐受性的黃金時期，四到六個月就開始吃副食品，可減少日後過敏的機會。

支持純母奶到六個月才吃副食品的人，認為有些研究發現早於六個月吃副食品，可能會增加成年以後糖尿病和肥胖的風險。

目前有越來越多的證據，傾向四至六個月開始添加副食品，對寶寶並沒有明顯的害處。但是寶寶的發展因人而異，並不是每個孩子在四個月大就已經準備好了，在餵副食品之前，要先確立寶寶已經有下面幾個徵象：

製作副食品的重要事項

- 質地由稀至稠
- 口味由淡到重
- 天然優於人工
- 不一定要有機才健康
- 過敏食物不須延後吃

❶ 寶寶已經可以坐好，不用支撐或只要一點點背靠。

❷ 寶寶頭部可以控制，轉動自如。

❸ 當食物在面前，寶寶會想要往前和張嘴的動作。

❹ 寶寶的挺舌反射變得比較不明顯時（含湯匙或食物時，不會再用舌頭頂出去）。

製作副食品的三個原則

準備要讓寶寶吃副食品了，有什麼部分須注意呢？其實，有三大原則可以遵循：

★質地由稀至稠：剛開始吞嚥要由流體狀開始練習，逐步增加濃稠度。

★口味由淡至重：剛開始若口味就太重，之後食材和口味就很難變化了。

嬰兒一日飲食建議量

年齡（月）／食物種類	1-4	5-6	7	8	9	10	11	12
母乳或嬰兒配方食品	母乳或嬰兒配方食品（以母乳為主）							
全穀雜糧類		嬰兒米精 嬰兒麥精 或稀飯 4 湯匙		2-3 份		3-4 份		
蔬菜類		菜泥 1-2 湯匙				剁碎蔬菜 2-4 湯匙		
水果類		果泥或鮮榨果汁 1-2 湯匙				軟的水果（剁碎） 或鮮榨果汁 2-4 湯匙		
豆魚蛋肉類			開始嘗試給予蛋黃 0.5-1 份			開始嘗試給予 高品質蛋白質食物 1-1.5 份		

* 母奶及嬰兒配方食品餵養次數主要仍依嬰兒的需求哺餵，嬰兒配方食品沖泡濃度依產品包裝說明使用。
* 嬰兒於 7-12 個月除了上述食物，仍會攝食母乳或配方奶，故熱量應會足夠。
* 一湯匙 =15 克。

資料來源／《健康均衡的飲食，頭好壯壯的寶寶》，國民健康署

★天然優於人工：方便的話，當然自己準備會比較安全、營養；但若是不方便，市面上也有很多嬰兒食品，可選擇大廠牌，品質有一定的保障。

關於嬰兒飲食材料和份量，可以參考國健署發行的《健康均衡的飲食，頭好壯壯的寶寶》裡的「嬰兒一日飲食建議量」圖表，如上表：

★全穀雜糧類一份＝二分之一碗稀飯或麵條＝四分之一碗白飯＝薄吐司一片＝饅頭三分之一個＝米粉或麥粉四湯匙

★豆魚蛋肉類一份＝蛋黃泥二個＝豆腐三格或嫩豆腐半盒＝無糖豆漿一杯＝魚肉、豬肉或肝二分之一個手掌心

比如八至九個月大的寶寶，一整天可以

吃一到一碗半的糙米粥（二至三份五穀類），一至二匙（台式陶瓷湯匙）高麗菜泥或青江菜泥，一至二匙蘋果泥或香蕉泥，一個蛋黃泥，一個豬肝泥。

副食品餵食的頻率，原則上在寶寶五至六個月大時，一天一次；七至八個月時一天兩次；九個月以上一天三次。父母可以依據準備的方便性，決定每餐餵食的內容和份量。比如早餐通常比較匆忙，我們可以簡單餵個半碗稀飯或菜飯即可，午、晚餐除了五穀類，就要再加上蔬菜和豆、魚、蛋、肉類等。

餵食的時間建議在喝奶前，以免喝飽了對副食品興趣缺缺，建議時間如下：

★一天一餐：早上 11:00～12:00 或下午 16:00～17:00 擇一

★一天二餐：早上 11:00～12:00，下午 16:00～17:00

★一天三餐：早上 7:00～8:00，早上 11:00～12:00 及下午 17:00～18:00

這些時間都有彈性，可依照作息前後調整。

食材的選擇

關於副食品食材的選擇，有父母會費心地去選購有機食品，以前我也信誓旦旦地認為孩子一定要吃有機食物。但後來才發現若只吃有機食物，選擇真的不夠多。有機食品店的常見食材種類較為有限，孩子吃到後來都膩到不行。另外，有機食材通常所費不貲，不是每個家庭都能夠負擔。

常吃蔬果時令表

	一月	二月	三月	四月	五月	六月	七月	八月	九月	十月	十一月	十二月
花椰菜	●	●	●					●	●	●	●	●
青江菜	●	●	●	●							●	●
胡瓜	●	●	●	●				●	●	●	●	●
豌豆	●	●	●								●	●
番茄	●	●	●	●	●	●					●	●
南瓜			●	●	●	●	●	●	●	●		
番薯葉				●	●	●	●	●	●	●	●	
絲瓜					●	●	●	●	●			
白菜	●	●	●	●	●						●	●
菠菜	●	●	●	●						●	●	●
洋蔥		●	●	●	●							
白蘿蔔	●	●									●	●
胡蘿蔔	●	●	●	●								●
馬鈴薯	●	●	●	●								●
芋頭	●	●	●	●	●	●	●	●	●	●	●	●
甘藷	●	●	●	●	●	●	●	●	●	●	●	●
香蕉						●	●	●	●			
橘子	●	●	●	●						●	●	●
葡萄	●				●	●	●	●				●
梨子						●	●	●	●			
柳橙	●									●	●	●
鳳梨				●	●	●						
木瓜								●	●	●	●	

資料來源／主要參考農委會網站

黃醫師無毒小祕方

寶寶可以吃蜂蜜嗎？

要提醒爸媽，一歲以下的孩子千萬不可食用蜂蜜！蜂蜜中可能含有肉毒桿菌孢子，嬰幼兒的胃酸較少，無法有效殺死肉毒桿菌孢子，一旦肉毒桿菌在腸道生長分泌肉毒桿菌毒素，可能會造成寶寶中毒甚至死亡！

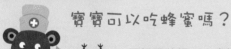

現在，我覺得選擇當季盛產品、勿選擇搶收蔬果、食用前好好洗淨，才是王道！蔬果農藥的部分可以參考 P.268「買菜、洗菜有智慧，農藥不超標」一文。網路上有很多當季盛產的蔬果資料，我把我家孩子常吃的蔬果配合時令畫成右頁表格，提供大家選購時參考。

如何製作副食品

工欲善其事，必先利其器。做副食品之前，最好先準備好用的兩個法寶，就是電鍋和攪拌棒。攪拌棒不是非有不可，但是一隻好的攪拌棒有很大的幫助，我們家用了三、四根攪拌棒，有的好用但容易壞，有的不好用但也容易壞，建議購買前多做功課、多打聽。另外也可考慮蔬果研磨機，有類似的功用。

食材的處理，在八至九個月大之前，都是先蒸、燙熟後，以攪拌棒打成泥；九個月大後，有些食材煮熟後可切碎、絞碎。每天製作副食品當然最好，但也可利用製冰盒做成食物泥冰磚，於一週內食用。但九個月大後，食物以切碎為主且較多高蛋白食物，冰磚方式較不適合。

副食品可以添加調味嗎？

幾乎所有爸媽都知道，精緻糖對孩子有害無益，除了增加日後肥胖和心血管疾病，有的孩子甚至會成癮。

而針對二歲以下孩子的鹽攝取量，目前還沒有具體的規範與建議。僅英國國民健康署建議，一歲以下孩子一天攝取鹽不超過一公克，一至三歲孩子一天攝取鹽不超過二公克。而世界衛生組織及美國兒科醫學會，都不建議兒童攝取高鹽食物，以免增加日後心血管疾病的機會。

更重要的，是培養健康的飲食習慣。孩子的口味偏好是從小養成的，從小吃高糖、高鹽，長大後也會喜歡重口味。我建議剛開始製作副食品盡量不添加糖、鹽；隨著副食品開始多樣化，可視情況逐步慢慢添加鹽，但有味道就好，不可過量。

何時給予高過敏食物？

以往，許多醫師都建議易過敏的食物要一歲以後再吃，以免誘發過敏。但近期越來越多證據顯示，早點攝取易過敏的食物，反而可減少之後過敏的機會。所以目前已不再建議延後所謂的高過敏食物，甚至可以考慮早點吃，如魚、蝦、蟹、貝類、蛋白及花生等——但是，再早也不能早於四個月哦！還是要以食物的質地、營養需求，做為添加副食品的主要考量。

寶寶練習自己吃的時機

大約七至八個月大時，寶寶手的抓握越來越好，開始喜歡抓食物和搶湯匙時，就可以在餵食時給他一個碗，裝一些手指食物（finger food），讓他練習自己吃。手指食物可以是撕小塊的饅頭、小飯糰、香蕉或木瓜等較柔軟不會噎到的種類，也可以給予市售米餅之類的小點心。

Q20 孩子便便不順暢怎麼辦？

「我的孩子便祕好嚴重哦！」「要多吃蔬菜、水果，多喝水啊。」「他都有啊，但還是便祕耶……」

這樣的對話，在診間幾乎每天都會遇到，可見兒童便祕是十分常見的問題。

什麼是便祕？

首先，我們要分清楚怎樣才是便祕。三天便一次算是便祕嗎？大便很硬，就是便祕嗎？真正在醫學上，便祕的定義很嚴格，需要去對照所謂的「羅馬準則第三版」（Rome III criteria），符合準則而且超過兩個月以上，才能算是便祕。但實際上，爸爸、媽媽和醫師很少可以忍耐那麼久，或是完全依照「羅馬準則」來進行治療。

一般而言，我們採取比較寬鬆的認定，只要孩子太多天才排便，或是解便困難超過兩個星期，而且造成孩子的不適（如肚子痛、肛門會痛出血等等），就算是便祕了。

幾天排便一次才正常呢？

正常的排便頻率，依照年齡有不同標準：

★小於六個月：純母奶的寶寶可以七天便一次，到一天七次都有可能，變化非常大；喝配方奶的寶寶則是一天一至二次。

★六個月到四歲：一天一至二次。

★四歲以上：和成人一樣，一天三次到三天一次。

寶寶解便很用力怎麼辦？

九個月以下的寶寶有一個常見的狀況，是解便時會很用力，憋氣臉紅甚至超過十分鐘，但最後都可以成功解便，而且大便也不會特別硬。一般認為，這是因為寶寶的腹內壓力和肛門括約肌機制尚未成熟，簡單地說，就是寶寶還在學習如何肚子用力時，肛門要放鬆的技巧，經過幾週的學習後就會駕輕就熟了，爸爸媽媽不用太擔心。

要怎麼治療孩子的便祕？

便祕的治療並不難，難在持之以恆而且容易復發。

治療便秘的3個重點

去掉硬便　飲食均衡　藥物治療

依據二〇一四年美國及歐洲小兒胃腸肝膽營養醫學會的指引，兒童便祕最主要建議的治療方式就是藥物。難道我們不用吃蔬菜、水果和多喝水了嗎？其實，其他這些輔助治療方式是讓為了孩子保持良好的生活習慣，才容易排便規律且順暢。接下來，我們進一步來了解治療的部分。

要治療兒童便祕要先區分孩子的年齡，可以分成六個月以下和六個月以上。

小於六個月的寶寶

小於六個月以內的便祕並不常見，請父母先就診，排除疾病的可能性。如果孩子已經開始吃副食品了，可以考慮添加一點富含山梨糖醇的水果泥，如藍莓、草莓、桃子及梨子等。

追蹤後若沒有改善，醫師會建議使用藥物。在這個階段最常使用的藥物是「乳果糖」（Lactulose）的雙糖類藥水，甜甜的很好喝，寶寶接受度很高。也可偶爾搭配使用浣腸，但不建議長期常規使用，容易造成寶寶的依賴性，可能不浣腸就很難排便。

大於六個月的孩子

大一些的孩子開始有自我意識，較多人際關係和多樣化食物，治療要考量很多面向。

★先確認有沒有硬便阻塞：比如孩子大便很硬、很難排便，或是俗稱「屎頭硬，屎尾軟」，更直接就是醫師進行指診，摸到硬大便。有硬便阻塞，一定要先以藥物治療，去除塞住的硬便，才可進行後續的治療。臨床上可使用口服通腸藥水二至三天，或直接浣腸。

★飲食方面：重點在於健康、均衡地攝取全部的食物，研究顯示，一味強調多吃蔬果、多喝水，對治療便祕是沒有幫助的。

★藥物治療：第一線使用的是乳果糖、高滲透壓性藥水及氧化鎂，在腸道內可以形成高滲透壓狀態，增加腸道中的水份，藉以達到軟便的效果。第二線是潤滑型或刺激型軟便劑，潤滑型軟便劑像礦物油或液體石蠟，胃腸道無法吸收，可以潤滑糞便、幫助排便。但礦物油的部分，由於兒童、老人可能有嗆到導致吸入性肺炎的風險，國內較少使用。而刺激型軟便劑 Senna 和 Bisacodyl，是直接作用在腸道黏膜或神經，刺激腸道蠕動，達到排便目的；但和浣腸一樣，容易造成依賴性，是較嚴重便祕者在過渡時期使用的藥物，不建議兒童長期使用。

治療便祕需要時間

父母常常都很心急，希望吃一次藥，便祕就會痊癒，但這是不可能的。便祕是慢性的疾病，一次完整的療程至少要兩個月的時間，甚至更久。醫師也會等穩定後一個月，才會開始減藥，速度也要慢慢的，否則復發機率非常高。

打破憋便的壞習慣

憋便是容易造成治療失敗的原因之一。當孩子解便會痛或已經有肛裂，排便就是一件很痛苦的事，於是有些孩子就會忍住便意，造成糞便越來越硬，越硬就越難上的惡性循環。這時唯有使用藥物和調整生活習慣，才可改善這個問題。這樣的孩子需要藥物來讓糞便軟化或呈現糊狀，可能會軟到孩子忍不住甚至有點失禁的程度，久而久之，孩子就知道排便不是一件痛苦的事。另外，要讓孩子多從事運動或遊戲，除了可刺激腸道蠕動外，運動和遊戲時孩子也會忘記憋便。父母可以使用正向鼓勵的方式，比如孩子每天有固定看電視，我們可以限定在排便後可以看電視，有較強烈的動機支持，孩子排便的成功率會更高。

兒童便祕的治療不難，但有賴父母的耐心配合和觀察，也不要懼怕使用藥物。在有經驗的小兒科醫師診斷、治療下，一定可以戰勝硬便怪獸哦！

黃醫師無毒小祕方

便秘，也可能是潛在疾病的症狀！

單純的便祕不難治療，但要小心便祕是否只是某些潛在疾病的症狀之一。不管是爸爸、媽媽或醫師，當孩子便祕又合併下列情狀時，都要提高警覺：

- 當寶寶一個月大內就開始有便祕
- 第一次胎便在出生四十八小時後才排出
- 家族有巨結腸症的病史
- 糞便呈現扁帶狀
- 糞便中有血
- 有生長遲緩
- 有合併發燒
- 有合併嘔吐
- 甲狀腺異常
- 嚴重腹脹
- 出現肛門周圍廔管
- 肛門位置異常
- 缺乏肛門反射或提睪反射
- 下肢張力不足
- 脊椎上有長毛髮
- 尾椎處有凹陷
- 股溝歪斜
- 孩子特別害怕檢查肛門
- 肛門有傷口結痂痕跡

Q21 孩子難餵飯，怎麼辦？

「時間到了還不肯吃飯？」、「餵了一小時還吃不完？」、「吃了幾口就不吃？再餵就吐掉？」、「一口飯含到天荒地老還不吞？」……惱人的餵食問題，讓許多爸媽每到吃飯時間都心煩不已，這些孩子在臨床上我們都統稱為「餵食困難」。

餵食困難，應該何時尋求協助？

孩子的餵食困難是一個很複雜的問題，牽涉到孩子本身、父母的期望，以及父母和孩子之間的關係；限於篇幅，這邊僅討論比較單純的狀況，但現實上常常是更混亂和隱晦的情況。

先說最重要的，所有餵食困難的孩子，如果持續一個月以上，都應該尋求小兒科醫師的協助，切勿聽信偏方或每天埋頭拼命餵。

因為有少數的孩子是有潛在疾病的。我曾經有一位小病人，媽媽抱怨一直很難餵飯，

兒童餵食困難建議

食慾不佳

- 正常食量先確認
- 正餐以外無零食
- 規範用餐 30 分鐘
- 完全不愛須就醫

挑食

- 適應食物需時間
- 愛與不愛輪流餵
- 可愛食物我最愛
- 一起料理最好吃
- 嚴重挑食須就醫

害怕進食

- 硬灌害怕最難治
- 降低恐懼換環境
- 餵食分散注意力
- 含飯不吞有妙招

食量很小又容易吐，檢查後才發現是先天食道的肌肉有問題，讓食物堵在食道，進不了胃部。

要治療餵食困難，最重要的是先觀察孩子是哪一個類型？若單純以孩子的進食類型來看，可以分為：胃口不好的孩子、挑食的孩子及害怕進食的孩子。

胃口不好的孩子

大部分歸為胃口不好的孩子，常見是父母的期望太高；有的孩子本來就比較瘦小，胃口當然不能和高大的孩子相比。

若是真的胃口不佳的孩子，我們要讓他們了解什麼是飢餓感和飽足感。首先是限制每天用餐次數要少於五餐（包含點心），餐與餐中間只能提供白開水，時間到了再開始餵。設定每餐的用餐時間，建議在三十分鐘以內，時間到了不管有沒有吃完，就把食物收起來。

還有一些孩子是比較安靜的，對什麼都興趣缺缺，也包括了食物。這些孩子要比較小心，常常合併生長遲緩及身體的疾病。除了提高食物的營養和熱量之外，最好盡早就醫讓醫師評估。

挑食的孩子

在二歲之內，拒絕沒吃過的新食物是很正常的事，有人統計甚至需要八至十五次的嘗試，孩子才會慢慢接受新的食物。

輕度挑食的孩子營養上通常沒有問題，我們可以用一些技巧，像是把不愛吃的食物藏在湯汁或其他食物中、幫食物取可愛的名字、或讓孩子一起來準備食物等方式。另外，可以使用一些正向回饋的方式，當孩子願意吃一口他不喜歡的食物，我們再多給一些其他喜歡的食物。

重度挑食的孩子，可能只願意吃少於十至十五種的食物，這種孩子要注意是否有其他如自閉症的早期表現；自閉症的孩子很高的比例會有嚴重挑食的問題。

黃醫師無毒小祕方

愛含飯的孩子怎麼辦？

有一些孩子喜歡含飯不吞，甚至可以含到半小時以上，讓父母餵到快要翻臉。有研究嘗試各種不同的方法解決這個問題，目前我看到覺得比較有效的方法，是使用口味較重的其他副食品來刺激食慾和吞嚥。當含飯不吞的時候，加餵一小口果泥、濃湯或小安素等，孩子就會反射性地吞嚥。不過這樣每一口飯不可餵太大口，以免加餵時讓孩子嗆到或噎到。

害怕進食的孩子

任何強迫餵食的行為都可能造成孩子懼怕餵食，一旦孩子害怕吃飯，後續更不好處理，所以要盡量避免強迫灌食。

害怕餵食的嬰幼兒每當接近餵食的環境、高腳椅或湯匙，就可能開始哭鬧，顯得害怕不安；大一點的孩子，則可能在餵食時以嗆到、嘔吐來表現。

對於害怕餵食的孩子，首先要降低孩子的恐懼，停止強迫餵食。可以考慮先改變餵食的環境，餵食時用別的東西分散對食物的注意力。

最後提醒大家，不管是哪一種餵食困難，用餐時的氛圍和儀式非常重要。最好是全家人一起用餐，愉快的氣氛或播放音樂，讓孩子輕鬆但在一定的規範下用餐，這樣最容易成功哦！

Q22 這不吃那不吃，挑食的孩子怎麼治？

「歪嘴雞吃好米！」小凱的媽媽逢人便嘆小孩很難伺候，挑食得不得了！飯裡埋了一小根紅蘿蔔也會被挑出來，要他吃一口青菜他就寧願不吃飯。吃一頓飯像打仗一樣，父母餵到耐心全失，筋疲力盡。

挑食的程度

很多媽媽都會抱怨孩子挑食的問題，類似小凱這樣的孩子不在少數，只是程度上的差異，我們分輕度和重度來討論。

輕度的挑食

大部分挑食的孩子只是不吃幾種常見的食物，比如苦瓜、青椒或紅蘿蔔，不會所有的蔬菜都不吃。根據研究，孩子接受新的食物，可能需要嘗試到八至十五次之後，才會慢慢接受新食物；所以如果孩子拒吃，可以隔一、二週再嘗試看看，或是使用不同的料理

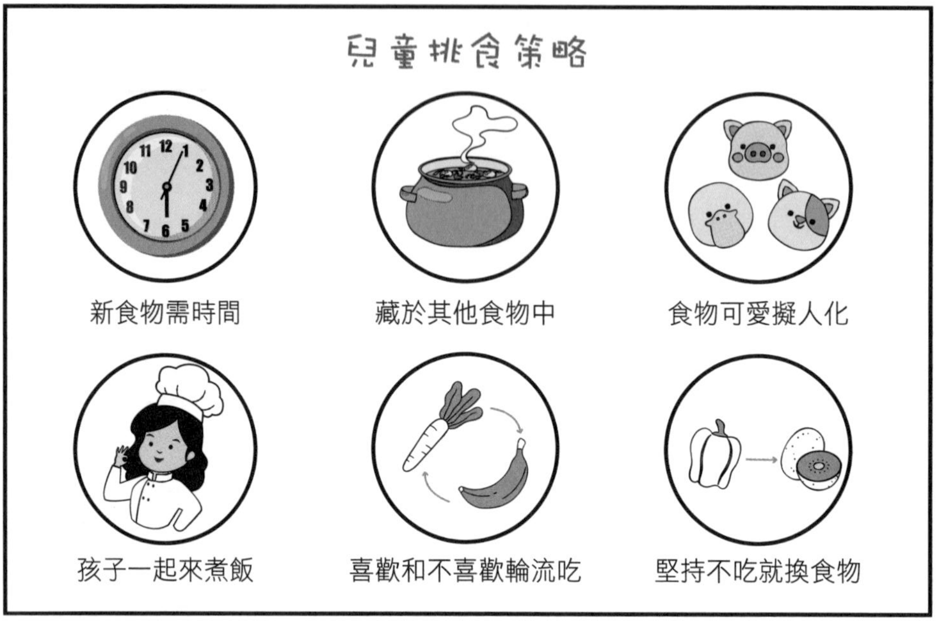
兒童挑食策略
新食物需時間
藏於其他食物中
食物可愛擬人化
孩子一起來煮飯
喜歡和不喜歡輪流吃
堅持不吃就換食物

方式，大部分孩子都可慢慢接受原本不吃的食物。也可使用P.113所提到的一些小技巧。

但是，如果真的有幾樣食物，孩子無論如何都不吃的話怎麼辦呢？我建議就不要太勉強，以免傷了親子感情，可以替換成其他含有相同營養素的食物。

比如常見的挑食食物：

★胡蘿蔔：富含β胡蘿蔔素與硒，前者可用紅莧菜、紅肉甘薯、菠菜取代，後者可用蛋、肉、海鮮取代。

★青椒：富含維生素B、維生素C，前者可用糙米、牛奶取代，後者可用花椰菜、柑橘、奇異果取代。

★苦瓜：富含維生素C，可用花椰菜、柑橘、奇異果取代。

重度的挑食

比如只吃少於十種以內的食物，或某一大類（如所有的蔬菜）食物完全不吃，或是只吃泥狀食物。這樣的孩子口腔觸覺或味覺比較敏感，對於某些口感的食物完全無法接受，若長期都是如此，須就醫讓醫師評估，是否合併其他如感覺統合障礙或自閉症的傾向。

雖然不好處理，但還是有一些技巧可以試試：

★將蔬菜打成泥狀，並慢慢減少打碎的程度，原則上一週改變一次食材的口感，不可太快，否則容易失敗。

★在餵食給一個孩子愛的「玩具袋」，裡面放他喜歡的玩具，只有吃飯時才能玩，最好會發出一些聲音或音樂，在餵食時減少他對食材的注意力。

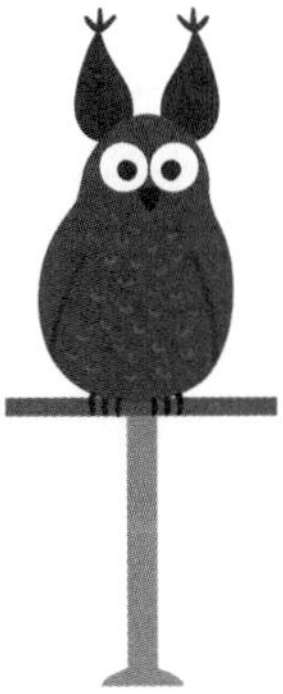

Q23 孩子都一歲多了，怎麼還不會走呢？

看到寶寶成功地踏出人生的第一步，真是爸媽非常感動的時刻。但寶寶何時應該會走，每個孩子不一樣，我看過九個月就會走的寶寶、一歲半還站不穩的寶寶，也看過連爬都不會爬，卻站起來直接學走的寶寶。

兒童發展是父母十分困擾的問題，常被親朋好友們比較或關心：「我朋友家的小孩，幾歲就已經會○○○，為什麼你們家的孩子還只會×××？」其實，每個孩子都有自己的發展時刻表，千萬不要跟他人比較！只要在一定的時間發展出來即可。

孩子應該什麼時候學會走路？

一般而言，兒童平均大約在十一至十五個月會走路，但其實個體差異性是非常大的，如果到十八個月還不會走路的話，還是會建議帶去小兒科檢查。

孩子要能放手走，需要同時具備許多能力，像是肌肉力量要足夠、肌肉張力要適中，平衡、協調度、本體感覺等，有很多原因都會影響走路，常見原因有：

❶ 腦部問題：腦傷、腦部感染、腦性麻痺等。
❷ 染色體基因異常：唐氏症、小胖威利症候群等。
❸ 神經肌肉疾病：裘馨氏肌肉失養症等。
❹ 環境因素：媽媽產前感染或使用毒品，環境剝奪（如家中雜物過多）或忽略等（如兒虐）。
❺ 內分泌異常：甲狀腺低下等。
❻ 早產：部分的早產兒有先天感染或產程中出現缺氧狀況，會影響腦部發育，進而影響走路。但在二歲前的早產兒，在評估發育上，必須以矯正年齡計算，舉例來說，三十二週、早產兩個月的寶寶，在實際年齡一歲兩個月時，矯正年齡是一歲，所以要用一歲的發育去做評估，而非一歲兩個月。
❼ 家族遺傳：父母雙方有人也較慢學會走路，通常之後會追上，但須先排除其他診斷。

除了檢查發展遲緩的原因之外，醫師還會安排所謂的早期療育，針對發展遲緩的孩子進行復健治療，爸媽們只要聽從醫師和復健師的建議即可。但如果檢查沒有問題，還是有一些方式可以幫助孩子更順利地學會走路哦！

★先檢視家中環境：是否有大型穩固的長形家具或乾淨牆面，能讓孩子練習扶著走路。沿路是否有太多雜物，增加孩子跌倒的機會？是否有危險的物品，如玻璃或未固定的家具？要記得先移除。

幫孩子學走路的 3 個要點

安全的環境　充足的練習機會　不需太過保護

★要給予充足的機會練習：在有安全保護下，請盡量讓孩子在充足的空間玩耍，即使無法一開始就走，但在遊戲過程中，跪、蹲這些動作都能訓練肌力、平衡、重心轉移等，而這些對日後的行走能力是很重要的。

★確認心態上是否過度保護：常常在孩子練習走時，大喊小心、不要，會讓孩子變得緊張，而不願意嘗試，特別是個性比較謹慎的孩子，需要的是鼓勵而非約束，可以讓家長其中一人牽著寶寶的雙手走，另一人拿著他喜歡的玩偶在另一邊呼喊，鼓勵寶寶來拿。

每個孩子都是獨一無二的，不需要受到閒言閒語影響，如果對發展有疑慮，請先參照《兒童健康手冊》內的兒童發展連續圖，也可以帶去給小兒科醫師檢查哦！

Q24 孩子都快二歲了，還不會講話怎麼辦？

接下來另一個很常見的問題，就是「為什麼我的孩子不會說話」？一般而言，孩子通常在一歲多時會喊爸爸、媽媽，一歲半時學會二十個單字，二歲則會說簡單片語。

注意語言發展遲緩的警訊

但如果孩子有以下警訊，建議及早帶去醫院評估：

1. 嬰兒時期太過安靜，或對大的聲音缺乏反應。
2. 一歲半還不會有意義地叫爸爸、媽媽，甚至到二歲還完全沒有語彙出現，或是還不會說話。
3. 三歲沒有任何句子，或說話仍然含糊不清、難以理解。
4. 五歲以後句子結構仍有明顯錯誤，或仍不能流利說話，有構音異常現象。
5. 年齡越長，說的話反而越少，而且不清晰。

造成語言發展遲緩的原因非常多而複雜，有些孩子甚至是多重原因造成的，比較常見的原因是：

1. 聽覺障礙：約有千分之一的嬰幼兒，出生時即有重度聽障；另外約有千分之二的學齡前兒童，有輕度或中度聽障。在日常生活中，可以觀察孩子對巨大聲響是否有反應。
2. 大腦神經系統疾病：產前因素像是腦部先天發育異常或胎內感染，產中因素像是早產、缺氧缺血性腦病變或感染，產後因素像是外傷、中樞神經感染等。
3. 智能障礙：大多智能障礙的孩子，容易因學習力不足，造成語言發展遲緩。
4. 自閉症：自閉症的孩子有著很高的比例，會有語言發展遲緩或與人溝通障礙。
5. 發音器官、構音器官的問題：像是舌繫帶、唇顎裂，或是神經肌肉問題，如口腔動作協調不良。
6. 使用二種語言：一開始會有輕微落後，容易混淆二種語言。但我們也發現如果在學校說一種語言，在家裡說一種語言的孩子，會比家裡學校都是雙語的孩子語言發育好。通常在五歲後，就比較不會有這樣的問題。
7. 環境剝奪：家長過於忙碌或溺愛孩子也可能造成。門診常見到離不開手機的孩子們，家長在忙時，也許覺得開個電視或給孩子玩手機，比較容易打發時間、快速安撫孩子的情緒，但其實這會妨礙他們的語言發展、練習情緒控制的能力。另一種類型的家長，就是過度疼愛孩子，孩子們只要使出一指神功，家長就會幫他們取得想要的東西。其實，語言學習是需要動機的，所以在門診的前輩醫師常笑說：「越會裝傻的爸媽，孩子越快會說話。」

除了以上的因素，目前已知的危險因子，還包括低體重兒、早產、父母智能障礙、低社經地位、反覆中耳炎及有語言發展遲緩的家族史。此外，男孩也比女孩常見有語言發展遲緩的現象。

在家，也能幫助孩子學習說話

除了要積極檢查原因、治療之外，在家我們能怎麼幫助較慢開始說話的孩子呢？

★親子共讀：國外有研究指出，三個月到十二個月大的嬰幼兒如果有親子共讀，二歲後的語言發展及社交溝通技巧，都比未接受共讀的孩子來得好。希望父母能每週二到四天、每天至少十五分鐘共讀。

★使用單一語言：並放慢速度和孩子說話。

★多鼓勵，少糾正：在一開始，應該多讓他們有機會練習，即使發音不正確，也不需要急著糾正，多鼓勵讓他們有成就感。

★重複使用簡單字彙：雖然孩子在初期學習的字彙很少，但父母最好能大量、重複解說

幫助孩子說話的 4 個要點

親子共讀　單一語言放慢　多鼓勵少糾正　一再重複教

生活環境中的事物；而用簡單的字彙，會比落落長的語句好，比如看到路上的車輛，父母可以重複好幾次「車子」。

語言發展障礙是最常見的一種兒童發展障礙，因為要會說話，不只是要能發聲，同時還需要認知、聽力、環境等配合。不過，只要配合早療與父母的努力，都會幫助孩子進步哦！

Q25 我的孩子需要早療嗎？怎麼評估？

小寧是一個二歲多的小男生，有兩個哥哥。媽媽發現，比起哥哥，小寧說話很慢，脾氣很暴躁，動不動就亂摔東西哭鬧，說話時眼睛都不看人，媽媽很擔心小寧是不是自閉症，因此帶去就醫。醫師在和媽媽討論後，認為是否為自閉症還需要觀察，但進行早療對小寧的發展應該會有幫助。經過了一年多的早療療程，小寧再回來門診時，已經變成一個活潑可愛的小孩，說話、眼神和脾氣都有很大的進步，媽媽現在煩惱的，是小寧每天嘰哩呱啦、說個不停……

什麼是早療？

這幾年，比較細心的爸媽一定有聽過「早療」。早療是早期療育的簡稱，就是當孩子被診斷有發展遲緩，包括走路或說話比較慢，認知、自理及社會性跟不上同齡的孩子時，醫師為孩子安排的整合性復健治療。

我們要怎麼知道孩子是否有發展遲緩呢？雖然每個孩子的發展都是獨一無二的，但如果同年紀九十%的孩子都會做，而自己的孩子還不會做時，就要特別注意了。《兒童健康手冊》是很好的工具，手冊中有列出每個年齡層應發展出的能力，以及最後附錄的兒童連續發展圖中，也有提出警訊時程。像一般孩子十一個月到一歲初會走，但若到一歲半都還不會走，這就是一個警訊。其他還有台北市政府衛生局的「兒童發展檢核表」，也可以協助自我檢測。如果家長真的很忙，沒有時間常常翻閱，至少在每次健兒門診打預防針前，先花五分鐘寫好《兒童健康手冊》對應年紀的簡單問卷，也有助於讓當診的兒科醫師了解孩子的問題。

早療的項目

發現孩子可能有發展遲緩時，請先不要驚慌，這並不少見。根據統計學齡前大約有六～八%的孩童，需要早期療育介入，但其中大約九成是屬於輕度或中度。可就近先到各縣市有兒童發展聯合評估中心的大醫院，到兒科、復健科或早期療育聯合門診掛號、看診，醫師就會初步判斷孩子後續需要哪些專業評估，之後再約診或安排評估時間。後續的團隊非常強大，包含小兒神經科、小兒復健科、小兒心智科、耳鼻喉科、眼科、職能治療師、語言治療師、物理治療師、臨床心理師、聽力師、社工師等；而主要評估有三個方向，找到可能病因（大約有二十～二十五%能找出確定病因），評估目前發展程度以及社工關懷評估，最後會整合提供個案療育計畫、建議方向。聽起來是一個大工程，也的確會需要花上一段時間，但這對孩子是很重要的，因為〇至六歲是孩子的黃金發育期，尤其是〇至三歲的早期療育效果，是之後的十倍呢！

進行早療，會讓孩子被貼上標籤嗎？

另外一個父母擔心的點，是害怕孩子從此被貼上標籤。其實每隔一段時間，早療團隊會再重新評估一次孩子的情形，也有許多孩子在經過積極療育後，就回到一般教育體系了；反之，如果因為逃避、錯過黃金期，失去當下許多珍貴的資源，就很可惜了。不要讓恐懼戰勝，目前除了醫療團隊，社福及教育單位等也都有提供資源，希望能協助孩子及家長。過程中有時會感到很辛苦，有時會有些挫敗，但慢慢地就會發現孩子們的成長，努力是不會白費的。

to do list:
Read a book
plant some flowers
bake
exercise
Give your pets some attention

兒童早療流程

↓

兒童神經科、復健科、早期療育聯合門診
或受過早療評估訓練的兒科醫師門診

↓

會診各專科
- 兒童神經科
- 兒童精神科
- 耳鼻喉科

……等

安排功能性評估
- 物理治療評估
- 職能治療評估
- 語言治療評估
- 心理評估

會診社工單位，提供需要協助及資源

↓

專業團隊綜合討論，提出評估報告

↓

負責醫師解釋病情並提出建議

↓

依個案狀況安排後續早療及社福協助

Q26 多大要開始用牙膏呢？幾歲開始看牙醫呢？

七至八個月大的寶寶最可愛，呆呆萌萌的還有一對小門牙。許多父母這時就會問到，現在要刷牙嗎？需要用牙膏嗎？要買兒童專用牙膏嗎？

兒童蛀牙的比例非常高，根據統計到幼兒園之前，超過四十％的孩子就已經有蛀牙了。而且兒童時期就蛀牙，成年後也一樣容易蛀牙。所以牙齒的保健要從小做起，不可僥倖地想說乳牙蛀掉了沒關係，以後換牙再來照顧。

依年齡正確照顧孩子的牙齒

美國兒科醫學會提出對兒童牙齒照顧的建議，我加上台灣的現狀，稍加整理如下：

★只要開始長牙，就可以開始使用含氟牙膏。一天至少刷牙二次，多餘的牙膏可以教孩子吐出來。八歲之前，父母都要協助孩子刷牙，可以爸媽先幫忙刷過一次，再讓孩子自己練習看看；八歲之後，要看孩子是不是有認真且正確地刷牙，如果沒有，刷完之

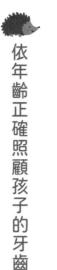

兒童牙齒保健重點

長牙開始用牙膏

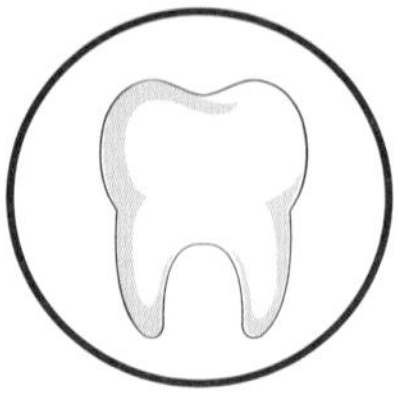

每 6 個月可塗氟一次

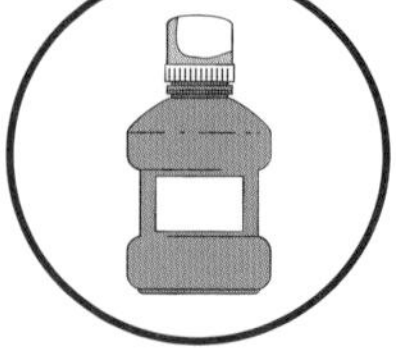

6 歲內不用含氟漱口水

少吃含糖飲料、零食

不含奶睡

1 歲開始看牙醫

後父母還是要幫孩子再做檢查、清潔。

★三歲之前，牙膏量只要米粒大小即可；三歲後，牙膏量要增加到豌豆大小。

★每隔三至六個月要找牙醫師塗氟，目前健保給付是每六個月塗一次，從開始長牙就可以去塗了，一直到六歲為止。

★六歲內不建議使用含氟的漱口水，因為可能吞下過量的氟。

★盡量不要給孩子吃零食和含糖飲料，因為容易黏在牙齒上、不易清除，進而引起蛀牙。

★不可讓孩子含著奶瓶睡覺，如果睡前一定要喝，喝完還是要刷牙，或是給清水就好。

★第一次看牙醫的時機，應該是一歲時，或是長第一顆牙齒的六個月內。就像小兒科醫師一樣，盡量選擇親切和固定的牙醫叔叔或阿姨，讓孩子習慣看牙醫，不會感到恐懼。

另外，也有許多父母詢問：「是否需要選用兒童專用牙膏？」使用兒童專用牙膏，有好處但也有壞處，理論上兒童專用牙膏研磨劑較少、起泡劑較少，對牙齒較溫和不刺激。此外要注意的是，牙膏的含氟量要超過 1000ppm 以上，預防蛀牙的效果才會好。

不過，兒童專用牙膏的壞處，是廠商為了孩子的喜好，有時會添加色素或香料來吸引購買，這些添加物對牙齒的健康就不一定有幫助。

所以結論是，可以選擇兒童專用牙膏，但是注意含氟量要超過 1000ppm 以上，並且盡量選擇添加物少的哦！

黃醫師無毒小祕方

氟錠要怎麼吃？

氟錠要不要補充，也是我常被問到的問題。關於兒童每天氟的建議攝取量，六個月到三歲是〇·二五毫克，三歲到六歲是〇·五毫克，六歲到十六歲是一毫克。氟錠每顆含量是〇·二五毫克，所以如果孩子沒有使用任何的含氟牙齒保健品（如含氟牙膏、漱口水及塗氟等等），六個月之後可以每天吃一片氟錠。但若已使用含氟牙膏，也有定期塗氟，就不需要額外補充氟錠了。

Q27 如何增加孩子的免疫力？

我在門診有許多的「熟客」爸爸、媽媽，因為孩子實在太常生病了，有不少是幾乎每週來報到的。這些熟客們有同一個特色，那就是孩子都不到五歲，正在托兒所托育或是就讀幼兒園中。

這個年紀的孩子，已經用完來自媽媽的抗體，自己又還沒有產生足夠的免疫力，遇到病毒大軍幾乎只有照單全收的份。加上托兒所或幼兒園室內空間狹窄，同學又多，一旦一、二個孩子生病，病情通常就像暴風般迅速席捲。

孩子常生病怎麼辦？

孩子在托兒所或幼兒園的爸媽們常常會哀嚎，怎麼這麼容易生病呢？有沒有方法可以讓孩子不生病？

我通常會先簡單解釋，孩子上托兒所或幼兒園就像是以前男生當兵一樣，要經過二、

幼兒園的注意事項
足夠的洗手台洗手乳
老師督促洗手時機
門把開關、玩具消毒
廚房與廁所清潔
生病孩子應對措施
空間寬敞、每班人數少

三年的歷練，免疫力才會成熟，能認識病毒並且產生相對應的抗體，往後再遇到一樣的病毒就能輕鬆以對，不會再那麼容易生病啦！

不過，仔細談起來，我們可以拆解成兩個方向：

增加抵抗力

★飲食均衡，多吃五穀類、蔬菜及水果等富含維生素及植化素的食物。

★少吃含糖飲料、餅乾及糖果等多人工添加物的食物。

★多到戶外活動、運動，建議一至二歲的孩子每天活動時間超過一百八十分鐘，三至四歲的每天活動時間也要超過一百八十分鐘，但中強度的活動時間要超過一小時。

黃醫師無毒小祕方

環境消毒劑的注意事項

每一種消毒劑都有它的限制和特性，請小心確認。目前疾管署的建議是以七十五%酒精或稀釋漂白水（次氯酸鈉）來做為環境消毒劑。漂白水一般以 1:100 稀釋，就有很不錯的消毒效果；但若是病人的嘔吐物、排泄物或口鼻分泌物，則需要 1:50（腸病毒）或 1:10（諾羅病毒或不確定病原）稀釋來消毒，濃度較高，但相對毒性也較強，不小心接觸到會刺激黏膜、皮膚及呼吸道，引起皮膚炎或咳嗽等症狀，必須注意。

減少生病

1. 按時施打疫苗，這是預防疾病最有效的方式。
2. 為孩子選擇幼兒園時，務必注意園區的衛生和相關措施。比如：
   - 洗手台、肥皂或洗手乳是否足夠和方便使用？
   - 廚房是否乾淨？與廁所有足夠區隔？
   - 每天下課後，是否消毒門把、開關或玩具等孩子常碰觸的地方？
   - 當有孩子發燒、感染腸病毒或流感病毒時，園方是否有相對應且適當的措施？
   - 老師是否有確實督促孩子飯前及如廁後洗手？並教導正確的洗手方式？
   - 盡量選擇空間寬敞和每班人數較少的幼兒園，降低傳染風險。
   - 平常在家，也要讓孩子養成良好的衛生習慣，包括洗手、生病時戴口罩等。

Q28 孩子需要補充維他命嗎？

「醫生，孩子那麼常生病，可以介紹給孩子吃點什麼嗎？」「多曬太陽、多運動，多吃五穀類和蔬菜就很好了（認真回答）。」「可以吃乳鐵蛋白嗎？」「孩子都那麼大了，乳鐵蛋白幫助不大哦。」「那怎麼辦？（爸媽焦慮中）」「……不然就吃點維他命吧。」

這樣的對話三不五時就在診間出現，父母念茲在茲就是希望孩子健健康康、少生病，身為雙寶爸的我非常能夠感同身受。但真的有這樣的魔藥嗎？每天吃一顆，就可以遠離病菌，不再生病嗎？

認識營養品之王：維他命

「維他命」或「維生素」，字面上就很容易理解它的意思，負責維護或維持生命相關的營養素。只要是營養素都一樣，有每天的建議攝取量，多吃了不一定有害（過量也可能有害），但肯定沒有幫助。這個建議量是多少呢？國民健康署有很詳細的表格，可以查到不同年齡、性別的不同維生素需求（可參照國民健康署網站的「國人膳食營養素參考攝取量」修訂第八版）。但一般民眾不可能每餐記錄維生素含量，再來計算到底夠不夠。其實，我們只要遵照P.46、P.98、P.140的飲食原則，多吃五穀雜糧類、深綠色蔬菜及水果，並且適度戶外運動，就不會缺乏各種營養素和維生素。

不過，凡事都有例外，就是有人自願或非自願地無法遵循健康飲食，或是本身疾病的關係造成維生素流失，這些人就需要特別補充營養素及維生素。比如孩子有早產、肝膽疾病（如膽道閉鎖）、嚴重偏食、長期吃素，以及有消化吸收不良的相關胃腸道疾病等。這些孩子需要補充的量，可能也比一般建議量高，所以要補充前也務必諮詢小兒科醫師的意見。

陽光維他命，維生素D

有一個比較特別的是維生素D，是這幾年非常火紅的維生素，有國內外很多文獻都在討論。維生素D又稱為「陽光維他命」，是唯一可以經由陽光照射皮膚而生成的特別維生素。維生素D的發現也是一個意外，一九一三年一位科學家偶然發現有吃魚肝油的狗不會得佝僂病（一種因骨骼無法鈣化，而導致骨骼彎曲變形、骨折的疾病），另外又發現以紫外線照射過的食物餵食兔子，也比較不會罹患佝僂病。後來證實，不管是魚肝油或紫外線照射而生成的抗佝僂病物質，都與維生素D有關。

維生素D攝取注意事項

· 可減少感冒及氣喘（對中耳炎尚無定論）
· 母奶寶寶每天補充 400IU
· 配方奶若少於 1000cc，請每天補充 400IU
· 每天曝曬太陽 20 至 30 分鐘
· 鮭魚、蛋黃及肝臟皆含維生素 D

維生素D最基本的功能，就是促進鈣質吸收，幫助骨骼鈣化，預防佝僂病的發生。其他尚在研究中的功效，還有調節細胞生長、免疫功能和減少發炎反應等。

爸媽們有眼睛一亮嗎？調節免疫功能，不就是減少生病和過敏嗎？沒錯，這方面的研究正是這幾年維生素D很熱門的原因之一，關於其免疫及感染疾病方面大約分成下面幾項：

上呼吸道感染（感冒）

有一些研究顯示，每天或每週補充維生素D，可以減少上呼吸道感染的機會，特別是原本維生素D就比較低（血中含量小於 25nmol/L）的人。對於原本維生素D比較高（血中含量大於 25nmol/L）的人也有效，但效果較差。

急性中耳炎

許多研究探討中耳炎和維生素D的關係，確實發現急性中耳炎的孩子血中維生素D含量比較低。然而，若我們額外補充維生素D，是否有助於預防中耳炎呢？目前還沒有定論，只有一個隨機臨床試驗，但結果發現補充維生素D無法減少中耳炎的發生。

氣喘

維生素D和氣喘似乎有較明顯的相關性。研究顯示，氣喘的孩子血中維生素D濃度太低，較容易氣喘發作，臨床試驗也看到每天額外補充維生素D，可以減少孩子氣喘發作的機會。那麼，懷孕的媽媽補充維生素D，可以減少寶寶出生後發生氣喘的機會嗎？有文獻顯示，媽媽懷孕時血中維生素D含量低於75nmol/L時，孩子九歲時有氣喘的風險會增加五倍，其他研究也有類似的結論，懷孕時缺乏維生素D會增加日後孩子氣喘的風險。但目前沒有直接看到媽媽在懷孕時額外補充維生素D，對預防孩子氣喘是否有直接的幫助。

關於維生素D的攝取

關於補充維生素D，要特別提一下，由於母乳中維生素D含量較少，國內外都有傳出寶寶因純母乳哺餵而造成佝僂病的報告。因此，美國兒科醫學會和台灣兒科醫學會都建議，純母乳哺餵的寶寶從出生開始，每天就要補充 400IU 的維生素 D；使用配方奶的寶寶，每天喝奶量還沒超過一千毫升時，也要每天補充 400IU 的維生素 D，以預防佝僂病的發生。

一歲以上的兒童及成人，每天建議攝取的維生素 D 是 200IU，但由於現代人大部分時間都處於室內，每天曝曬陽光的時間很短，加上飲食不均衡，維生素 D 不足的情形有變嚴重的趨勢。萬芳醫院、雙和醫院及新光醫院的研究，顯示國內學童及青少年維生素 D 不足高達五十一%。治本之道還是要多到戶外活動、曬曬陽光，每天曝曬二十至三十分鐘，適量攝取鮭魚、沙丁魚等深海魚類，以及蛋黃、肝臟及五穀雜糧類食物。想要額外補充維生素 D 的話，可以先抽血檢驗是否真的有缺乏再進行補充，會比較有幫助哦！

一歲以上兒童飲食原則，讓全家吃得無毒又健康

一歲以上，副食品就反客為主，不再叫副食品而是主食了，奶則變為點心的角色。這個時期，食物不再是泥狀而是碎狀，剛開始爸媽可以切碎一點，或用調理機打碎一點，慢慢再減少打碎程度。食物種類和成人一樣多，但調味仍不宜重，以清淡為主。用餐的時間配合成人一起，早上和下午可以各給一次小點心。點心以水果或澱粉類為主，網路有很多媽媽創意點心可以參考，份量不宜超過正餐的一半，以免影響正餐攝取。

手指食物還是可以繼續給，但一歲左右的寶寶常常喜歡在餵食時搶湯匙，這時父母可以給他一個碗和湯匙，挖一點食物讓他練習，順利的話，一歲三至四個月就可以自己吃。但這真的需要練習，沒有練習的話，很多孩子到二至三歲還是需要大人餵飯。

一歲，是飲食習慣的重要時期

這個階段是養成孩子良好飲食習慣的重要時期，有幾個重點和大家分享。

1 歲是飲食習慣重要時期

- 全家人一起吃飯
- 快樂的用餐氛圍
- 給予孩子主導權
- 吃深海魚有益智力、語言發展
- 避免吃生食

吃飯時間大家一起在餐桌吃

一起吃飯是一個儀式性的行為，讓孩子習慣吃飯就是家人一起坐下，不會做別的事，讓孩子可以心無旁騖，專注在吃飯這件事。

營造愉快的用餐氣氛

可以放點音樂、可愛的擺盤加上孩子專屬的可愛餐具，都有助於孩子喜歡吃飯這件事。吃飯時千萬不要責怪孩子，特別是和食物有關，比如「怎麼剩這麼多啊？」、「怎麼只吃飯不吃菜？」，都只會讓孩子討厭吃飯，再惡化甚至會轉變成餵食困難，那就更難處理了。

選擇性地給予孩子主導權

不要一次給很多食物在孩子的碗裡，一

黃醫師無毒小祕方

孩子幾歲以上可以吃生食呢？

目前很少文獻在探討這個問題，唯一有提出來的是加拿大政府的官方網站，不建議五歲以下孩子食用生食，包含了未消毒的牛奶、未全熟的雞蛋、未全熟的肉類、未全熟的海鮮（特別是貝類），未全熟的豆芽菜及未消毒的果汁。

我想特別提出來的是雞肉和雞蛋。雞的糞便中含有大量的沙門氏桿菌，所以未全熟的雞肉和雞蛋，很容易有沙門氏桿菌的汙染，萬一嬰幼兒不幸食入、引發沙門氏胃腸炎，輕則腹瀉，重則敗血症及腸穿孔，甚至死亡，不可不慎。

果汁如果是自己家裡有徹底洗淨水果後製作的，而且當次食用完畢較無問題，但不建議購買市售現榨果汁哦。

次只要給一點，等他吃完了給他鼓勵後，再給他一點，讓孩子有成就感，持續正向的循環。孩子剛開始練習一定吃得很慢，在他專注練習挖飯的空檔，我們可以趁機餵幾口，幫助他快速、安全地完成吃飯這件事。

吃魚的好處

食材的選擇方面，除了蔬果之前已討論過，我想特別談一下魚類。孩子吃魚有什麼好處呢？

★提供優質的蛋白質來源，不僅低脂，又富含維生素、礦物質以及omega-3長鏈多元不飽和脂肪酸（n-3 LCPUFAs）。

★預防氣喘、濕疹及過敏性鼻炎的發生，甚至發現吃得越多，吃得越早（九個月大前），效果越好。

★促進認知發展：挪威有研究顯示，吃魚的孩子和吃肉的孩子四個月之後做測試，發現吃魚的孩子智商分數明顯高於吃肉的孩子。

在懷孕時的媽媽，若每週吃超過三百四十克魚肉，孩子的語言、智商表現比較好。而海鮮食物吃較少的孩子，精細動作、人際溝通及社會化行為的發展表現，相對比較不佳。

魚的量要吃多少呢？根據年齡有不同的建議：

1. 二至三歲：一次約三十克（約四分之一掌心），一週一至二次。
2. 四至七歲：一次約六十克（約二分之一掌心），一週一至二次。
3. 八至十歲：一次約九十克（約四分之三掌心），一週一至二次。
4. 十一歲以上：一次約一百二十克（約一掌心），一週一至二次。

120
80

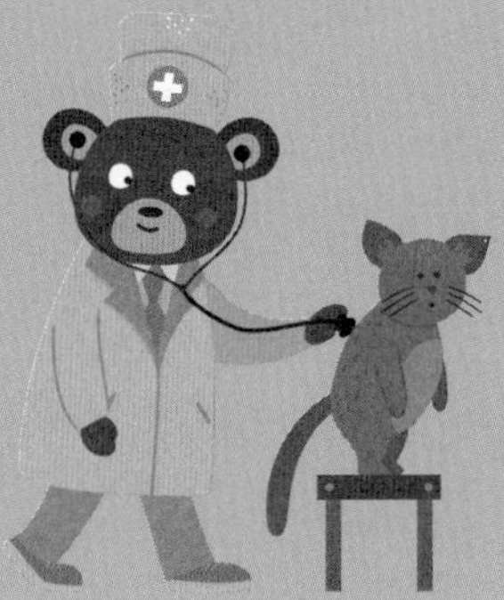

Part 2
孩子生病了

所有父母最擔心的莫過於小孩生病了，看到孩子受苦，心力憔悴，常常到後來連自己也病倒了。小朋友的病情千變萬化，雖然大部分都只是擾人的小關卡，但偶爾遇到恐怖的大魔王，連小兒科醫師也會感到心驚膽跳、徹夜難眠。

Chapter 1

爸媽必須認識的大魔王

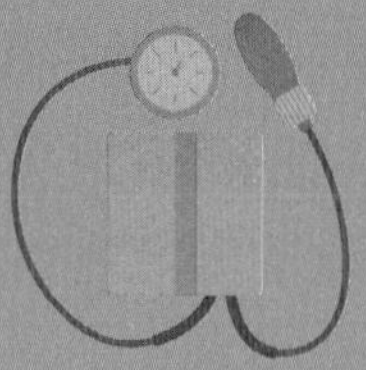

嬰兒猝死症候群

「屏東兩個月大女嬰在家中午睡，被發現突然沒有呼吸……」

「台中五個月大男嬰，疑似因趴睡猝死……」

每隔幾個星期，都會看到新聞有寶寶在睡眠中失去心跳和呼吸，送醫後仍然回天乏術的遺憾事件。一直以來，嬰兒猝死症候群都是所有父母及嬰兒照護機構最擔憂的事故，讓我們一起認識這個疾病，並了解如何盡量避免憾事發生。

什麼是嬰兒猝死症候群？

根據美國兒科醫學會，嬰兒猝死症候群是指「一歲以下的嬰兒突然死亡，經過完整的病理解剖，解析死亡過程和臨床病史等仍未找出死因者。」簡而言之，就是不知道為什麼，也沒有外力的因素，寶寶突然死亡。

為什麼會發生嬰兒猝死症候群？

目前原因仍然不明，推測可能因為嬰兒神經發育尚未成熟，發生窒息或口鼻被掩蓋時無法適當反應，造成呼吸中止而死亡。估計美國每年有三千五百個，台灣每年則有三十個因嬰兒猝死症候群而死亡的小嬰兒。前三個月大時是猝死發生的高峰期，之後發生率會逐漸降低。

美國兒科醫學會的建議

為了減少嬰兒猝死症候群發生，二〇一六年美國兒科醫學會提出了十九項建議。以下六項是其中證據較強，且父母比較容易忽略的：

1. 嬰兒須躺睡，直到一歲為止：不可趴睡，側睡容易轉為趴睡，所以也不建議。
2. 嬰兒床須堅實，不可太過柔軟：可使用床單，但床上不可有多餘及柔軟的物品，如玩偶娃娃及枕頭等。
3. 建議哺餵母乳：混餵或純母乳都有效，喝超過兩個月以上效果更好。

嬰兒猝死預防重點

躺睡不趴睡

嬰兒床不可太軟

哺餵母乳

父母同房不同床

必要時可給奶嘴

避免過熱或包覆過多

4. 父母與嬰兒同房不同床：有研究顯示，嬰兒和父母分床但同房睡，可以減少五十%發生嬰兒猝死的機率。
5. 可考慮在睡眠時給予安撫奶嘴：若有哺餵母乳者，建議滿月時寶寶已習慣哺乳後再使用。雖然機轉不明，但發現可減少嬰兒猝死症發生的機率，即使嬰兒睡著奶嘴掉出口腔還是有效。
6. 避免過熱的環境或包覆過多：注意嬰兒是否有流汗或胸口摸起來過熱，嬰兒手腳有時會較冷，但應以胸口或背部溫度為主，穿著衣服不可比同環境的成人超過一件以上。

完整的版本如左頁表格，依證據強弱可分為A、B和C級建議（A最強、C最弱）：

A 級證據的建議	
1	嬰兒須躺睡，不可趴睡或側睡。
2	嬰兒床須堅實，不可太過柔軟。
3	建議哺餵母乳。
4	父母與嬰兒同房不同床。
5	嬰兒床上不可有柔軟的雜物。
6	可考慮在睡眠時給予安撫奶嘴（若有哺餵母乳者，建議當寶寶滿月、已習慣哺乳後再使用）。
7	避免懷孕及生產後吸菸（一手菸或二手菸均須避免）。
8	不可於懷孕及生產後使用酒精及禁藥。
9	避免過熱的環境或包覆過多。
10	媽媽於生產前須定期產檢。
11	嬰兒須定期施打疫苗。
12	不須使用心肺監測器，因無法減少嬰兒猝死症候群的發生。
13	嬰兒的健康照顧者（護理師、保姆等）都了解如何減少嬰兒猝死症候群的發生。
14	媒體及商品製造者在其公告的訊息或廣告中，也須遵循安全睡眠的指引。
15	持續推動安全睡眠的活動。
B 級證據的建議	
1	不要讓嬰兒使用不符合安全睡眠建議的商品，如頭型枕。
2	嬰兒清醒時，父母可陪嬰兒趴著玩，不但能幫助嬰兒發展，也可以減少扁形頭發生率。
C 級證據的建議	
1	為免除嬰兒猝死症候群發生，須持續研究監測危險因子、病因和病理生理的機轉。
2	使用包巾無法減少嬰兒猝死症候群的發生。

萬一眞的發生嬰兒昏迷或沒有反應時，要怎麼辦？

首先評估環境是否有危險，如果有要盡快移離。

確認環境安全後，呼喚孩子名字並輕搖孩子或拍打腳底，同時觀察胸部是否有起伏及正常呼吸。

如果都沒有反應及呼吸，趕快求救並請人帶 AED（自動體外心臟去顫器）至現場，同時準備開始 CPR（心肺復甦術）：

1. 先檢查脈搏，如果有脈搏，開始人工呼吸，每分鐘二十至三十次，每二分鐘檢查一次脈搏。
2. 如果沒有脈搏，開始五個循環 CPR（一個循環是三十次的胸部按壓＋二次的人工呼吸）。
3. 胸部按壓的速度大約是二十至三十下，深度四至五公分，位置在乳頭連線下緣，以食指和中指併攏做按壓。
4. 當拿到 AED 時，先開機，聽從 AED 語音指示，把電擊墊片貼在 AED 上圖示的位置，依照語音指示是否執行電擊。
5. 如果 AED 判斷不可電擊，則繼續執行 CPR，等待救援人員到達。

黃醫師無毒小祕方

嬰兒需要睡枕頭嗎？

二歲以下幼兒後腦勺較突出，平躺時剛好維持呼吸道平順，所以睡眠時不需要枕頭。一歲以下有發生嬰兒猝死症的風險，所以衛福部建議，嬰兒床表面必須堅實平整，不可有鬆軟物件，如枕頭、填充玩具等。因此一歲以下是禁止使用枕頭的哦！

以上是嬰兒急救的大約原則，實際執行時還有很多細節，這裡不贅述。最重要的，是碰到緊急情況時要趕快求救，找醫護或緊急救護員來幫忙。

膽道閉鎖

「黃醫師，我們來打預防針了。」「恭喜恭喜，媽媽終於出關了，小寶寶很可愛哦！」

小寶寶剛滿月過幾天，父母歡天喜地地帶他來打預防針，寶寶被包緊緊，睡得很安詳。

我一邊輕輕打開包巾，一邊說：「看起來營養很好哦，體重身高都很標準，都喝什麼奶？」

「報告黃醫師，遵照你的建議，盡量都以母奶為主，偶爾搭配一些配方奶。」

我從頭到腳全身仔細檢查寶寶，聽聽心跳，觀察皮膚顏色：「看起來還有一些黃疸，但若是全母奶這也是有可能的。大便的顏色呢？應該金黃色的吧？」

「對啊，本來都是金黃色的，不過這幾天顏色有點怪怪的。」

爸爸把早上才剛上的新鮮糞便照片打開，我一看臉色凝重：「什麼時候開始大便變成這個顏色？」

「這個顏色？黃醫師是說這種灰灰偏白的顏色嗎？大約三至四天了。」

我的反應讓爸爸、媽媽有點緊張：「黃醫師怎麼了，這很嚴重嗎？」

「這個大便的顏色不正常，要小心肝膽的疾病，我幫你安排進一步檢查。」

為什麼發生膽道閉鎖？

我們身體的膽道系統就像是河流系統一樣，上游的小支流匯集了肝臟製造的膽汁後，匯流入小膽管，眾多的小膽管再匯集成大膽管，最後儲存在像水庫的膽囊中，當我們品嚐富含油脂的食物時，膽囊就像洩洪般，把膽汁排入腸道中幫助我們消化食物。

但是再精密的機械或電腦也會出錯，何況是人類。在偶發不知原因的情況下，在胎兒發育時，膽道系統卻停止發育，或發育時發生萎縮纖維化，造成膽道系統的閉鎖，就像是中下游的河流阻塞不通，但是上游的膽汁仍然不斷製造和分泌，最後造成膽汁淤積阻塞，寶寶開始出現黃膽及灰白便的症狀，大便顏色就像《兒童健康手冊》的嬰兒大便辨識卡中一至六號的顏色。久了之後，肝臟塞滿膽汁，肝細胞就會開始受損以及纖維化。

膽道閉鎖該怎麼辦？

在一九五〇年代之前，膽道閉鎖完全是不治之症，小病人無法存活超過二歲。很幸運的，一位日本的葛西教授，在偶爾的機緣下，嘗試了一個新的手術方式，命名為葛西氏手術。他的手術方式其實很直觀，就像我們挖泉水一樣，沒有挖到水就繼續往下挖，挖

膽道閉鎖注意事項

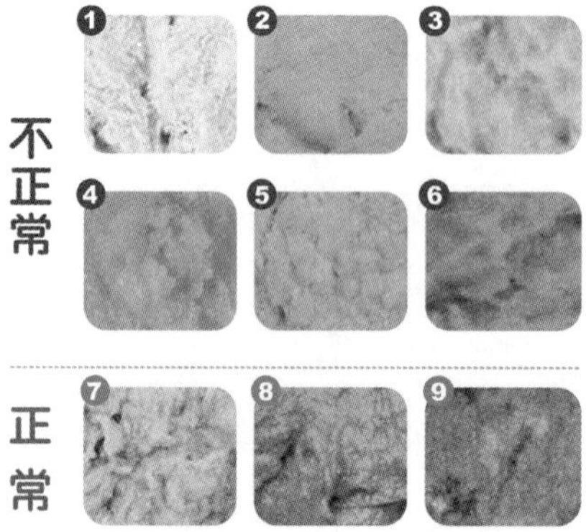

- 寶寶 1 至 2 個月大時，告知醫師大便顏色。
- 不確定的話，請帶大便給醫師看。
- 若是確診，盡量於 2 個月大前安排手術。
- 即早治療，預後越好。

圖片來源／《兒童健康手冊》嬰兒大便辨識卡

到有水出來為止。葛西教授在手術時，看到膽道開口沒有膽汁分泌，就開始切除沒用的膽管再往內挖，一次挖一點，一直慢慢看到肝臟有膽汁分泌出來時，再把腸子切一個開口，與有膽汁的膽道或肝臟做吻合手術，讓膽汁可以流入腸道，兼顧了引流膽汁、腸道消化的功能。這個充滿創意的手術方式，成了後續這六、七十年來，膽道閉鎖唯一的救命靈丹。

然而，這個手術並非完美無缺，由於違反正常生理接合方式，陸續出現一些併發症。首先，腸胃道的細菌較容易逆流而上造成膽管發炎；另外，由於膽汁淤積造成肝臟受損及纖維化，造成肝脾腫大、營養不良、凝血功能障礙及食道靜脈曲張等，最後，大部分的病人仍須走到換肝一途。

膽道閉鎖的發生率各國不一，大約是八千分之一至一萬五千分之一，台灣的發

黃醫師無毒小祕方

膽道閉鎖是不治之症嗎？

雖然膽道閉鎖是嚴重的疾病，但是幸賴多年來小兒外科和小兒科醫師的努力，疾病的預後已經比剛開始進步很多，如果術後有好好追蹤治療，近期台灣的五年存活率可達八十九．三%，許多病人都可以正常長大並結婚生子，甚至日本有一位女士已經存活超過六十歲，而且沒有明顯的併發症哦！

生率約1.67/10000，算是相當高，原因不明。目前台灣每年出生人數十八至二十萬，算起來每年仍有約三十至四十個膽道閉鎖的小朋友，其實並不少，大家必須謹慎正視這個疾病。

在多年經驗累積後，後來的醫師發現，早點診斷及進行手術的小病人，預後比較晚才治療的病人要好，包括較少的併發症、較低的換肝機率等。一般而言，盡量要小於六十天大之前，診斷出膽道閉鎖及進行手術，但是否一定以六十天為切點，仍有很大的爭議。要如何盡早診斷呢？這就有賴於家長的警覺性和兒科醫師的判斷。

在出生前二個月內，要時常比對寶寶手冊裡的大便卡，只有七至九號的糞便顏色是正常的，若出現一至六號顏色的糞便，就要盡速就醫，最好帶一包最新鮮的便便，讓醫師檢查核對。而第一、第二個月大時的預防針門診，小兒科醫師也會進行檢查及詢問排便的顏色。如此，才能夠達到盡早診斷、盡早治療的目標。

異物梗塞

「花生卡住氣管，兒童變植物人！」、「葡萄塞住呼吸道，孩童險喪命！」，幾乎每年都有這樣聳動的新聞，再再提醒父母注意異物梗塞的危險性。根據北醫陳品玲教授的分析，異物梗塞是台灣一歲以下意外死亡的第一名，和一至四歲意外死亡的第三名。

哪些東西容易造成寶寶梗塞？

二歲以下的寶寶正值強烈的口慾期，撿到東西就會反射性地往嘴裡塞，若意外嗆入氣管，就會引發窒息。所以在這個階段我們要特別注意將周遭環境的小物品收好，比如鈕扣、硬幣、BB彈、水銀電池、藥物等。兒科醫學會也建議，避免讓學齡前兒童吞食可能引起異物梗塞的固體食物，尤其風險特別高的四歲以下幼兒。

其中，花生（和堅果）是最常造成嬰幼兒異物梗塞的食物（五十九％），其他如果凍、軟糖、糖果、含骨頭的肉類、有籽的水果（如荔枝、龍眼、葡萄）與含整顆花生的花生醬等，也都是榜上常客。請記得，所有食物都應壓碎切細，要求孩子要坐定位吃，避免於哭泣或奔跑時餵食，而且要讓孩子細嚼慢嚥。

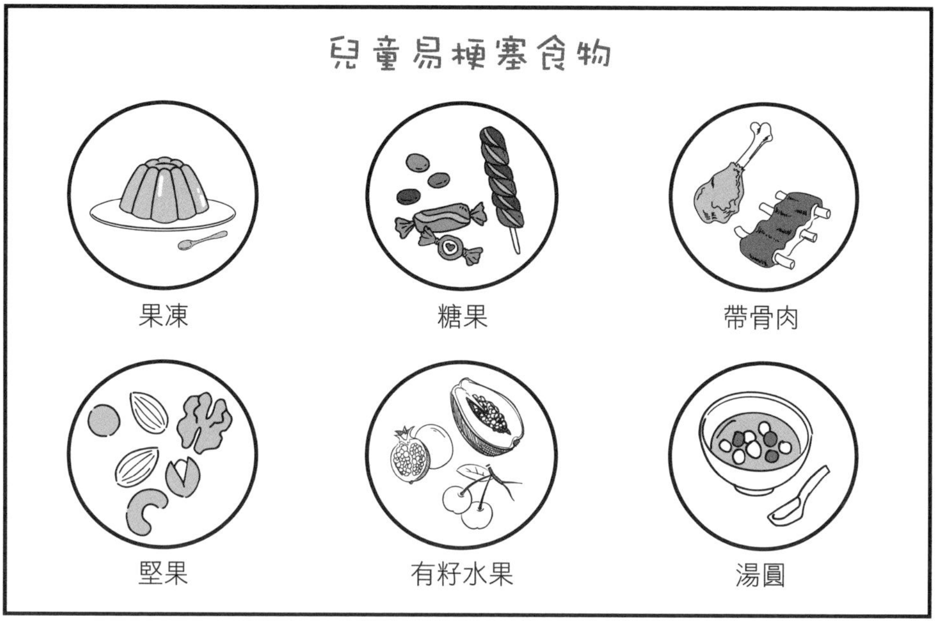

另外，玩具的選擇也很重要，要選購有安全認證標章的玩具，同時注意玩具零件是否容易脫落，以免寶寶誤食造成異物梗塞。

寶寶梗塞的症狀及處理方式

噎到的症狀剛開始不一定會很明顯，可能只是說不出話或是咳嗽，如果沒有緊急處理，接下來就會臉色黑紫、昏厥。所以如果身邊的人在進食時，突然表現很奇怪，就要小心是不是噎到了。

萬一真的噎到要怎麼辦呢？還記得很有名的「哈姆立克法」嗎？這非常重要，有報告顯示，成功執行哈姆立克法，可以救回七十～八十六%的異物梗塞患者。

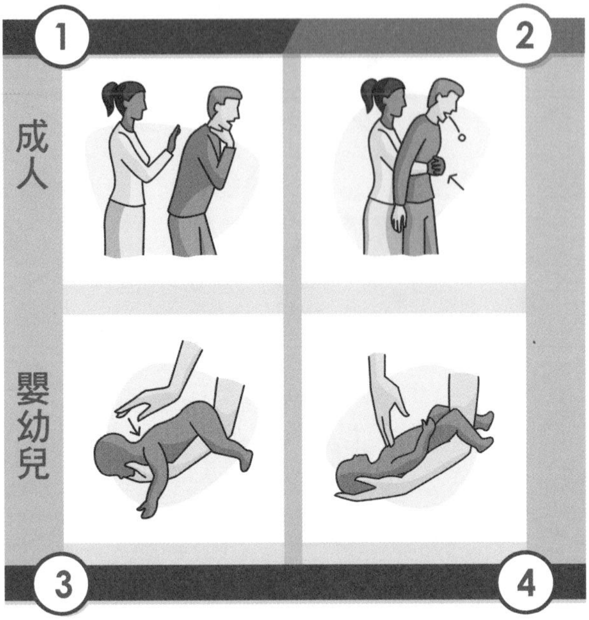

哈姆立克法可以分成一歲以上及大人、嬰幼兒兩種做法：

1 如圖1，當大人發生異物梗塞但仍可呼吸時（部分梗塞），鼓勵他大力咳嗽，試著將異物咳出，勿給予食物或水以免嗆到，也不要拍背干擾，記得同時要撥打一一九求救。

2 如圖2，當大人發生嚴重異物梗塞而且無法呼吸時（完全梗塞），繞至他的後方，腳呈前後弓箭步，前腳放在他胯下，一手握拳，虎口向內對準肚臍上方，另一手包住已握好的拳頭，往內往上快速擠壓，重複施做，直到異物吐出或意識昏迷無法施作為止。一樣要記得同時撥打一一九求救。

3 如圖3，一歲以下嬰幼兒發生異物梗塞時，要使用擊背壓胸法。首先讓寶寶跨坐在我們的手臂，頭部略低，臉

黃醫師無毒小祕方

小心湯圓！

在台灣也要小心湯圓，黏性高又不容易咬碎，是很容易噎到的食物之一，對小孩和老人特別危險。建議四歲以下盡量不要吃湯圓，即使要吃，也要剪很小塊再吃，且大人要全程在旁監督。一歲以內的幼兒絕對禁止吃湯圓哦！

朝下以手掌固定，但注意不可悶住口鼻。另一隻手以掌根連續擊打寶寶背部五次，位置約在兩側肩胛骨中間。如圖4，擊打完將寶寶翻面朝上，置於另一手的手臂，以手掌托住後腦勺固定。另一隻手以食指和中指併攏，對準兩側乳頭連線下方一點的位置，用力壓五下。整個過程都要注意是否有異物吐出，並且記得同時撥打一一九求救！

腸套疊

「齊齊不知道怎麼了，下午到現在一直哭說肚子痛。」

「可是他現在看起來好好的啊！」

醫師看著齊齊在診間跑東跑西，拿著玩具車嚕來嚕去。

「對啊，我也覺得奇怪，沒事時就沒事，但一下子就喊痛！」突然之間，像鬧鐘時間到了一樣，齊齊突然停住，然後開始大哭：「肚子痛痛！痛痛！」

腸套疊就是一個這麼戲劇化的疾病，就診時孩子可以完全正常、沒有症狀，如果爸媽和醫師沒有溝通清楚，就容易成為被忽略的危險疾病之一。

腸套疊的症狀與原因

腸套疊典型的症狀，會有嚴重的陣發性和痙攣般的劇烈腹痛、粉紅果醬般的大便及摸到腹部腫塊；然而，只有不到一半的病人會三個症狀都出現，由此可知腸套疊早期的症狀很容易被忽略。若嬰兒發生腸套疊，寶寶會顯得不安，雙腿屈曲及哭鬧，比起兒童更

腸套疊典型症狀

間歇性腹痛

摸到香腸樣腫塊

粉紅果醬般大便

難以診斷。

在疾病初期，當陣發性疼痛過後，病人無不適症狀而且可以正常遊戲。但若腸套疊沒有被復位，大部分的病人會引起腸梗塞、腸穿孔、腹膜炎甚至死亡。病人常常會嘔吐，到了晚期嘔吐物會含有膽汁。在發作數小時後，有些病人會出現粉紅果醬般的大便，表示腸道已出現缺血壞死。

發生腸套疊的原因，是因為某段腸道像望遠鏡筒般套入鄰近的腸道（如下頁圖左），是三個月到六歲大最常見引起腸阻塞的原因，二歲以內是發生的高峰期，在新生兒則相當少見。

在檢查方面，超音波是最佳的診斷工具。在腹部超音波下，可發現一段標靶樣圖形（如下頁圖右），即雙層同心圓圖形，類似一個甜甜圈的形狀。

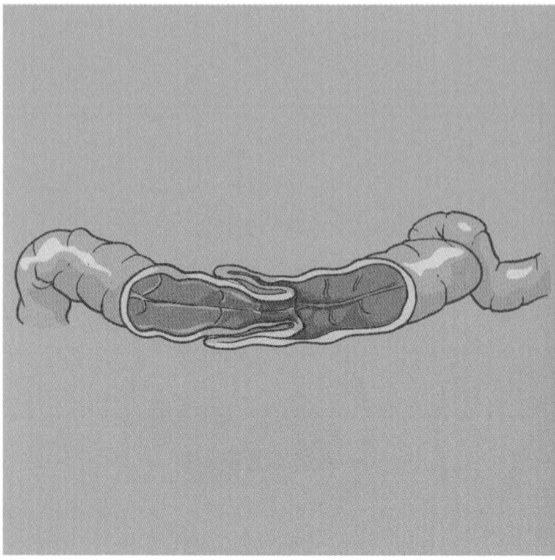

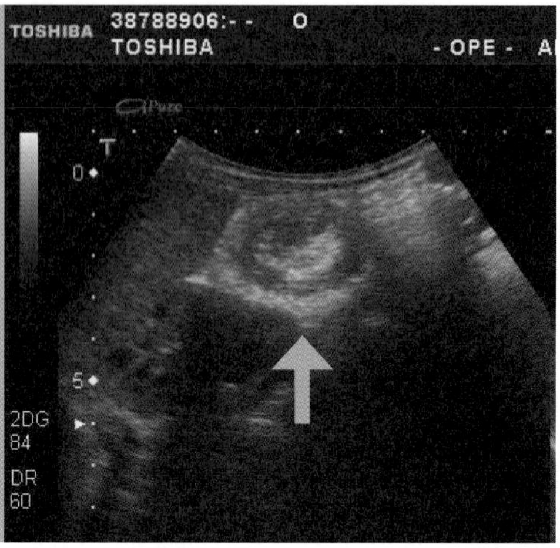

大部分的腸套疊原因不明，好發季節以春、秋季為主，可能與呼吸道的腺病毒感染有關。少數腸套疊病人是因為小腸有其他病灶所誘發，像是美克氏憩室、腸息肉、神經纖維瘤或淋巴瘤等；而過敏性紫斑也常會合併發生腸套疊。

腸套疊的治療方式

治療方面，最常使用的是灌腸復位術，成功率很高，缺點是比較容易復發，以及少數有腸道破裂的風險。

復原的機率，和是否早期治療有關；若在發病的四十八小時內進行復位，大部分的病人都會成功，但如未在這個時間內進行復位，死亡率會快速上升。不過，在準備灌腸復位的這段期間，有時會有自動復位的情況。在灌腸復位後，腸套疊的復發率大約是十％，但當病人出現休克、腹膜炎或腸道破裂，則必須進行手術復位，不可再做

黃醫師無毒小祕方

復發的腸套疊需要開刀嗎？

以前在醫院時，曾有一位小朋友在三天之內復發七次復發腸套疊，也灌腸復位了七次。由於爸媽對於開刀治療始終十分擔心，所以才有這樣的狀況發生。但在經驗上，灌腸復位了三次以上，再發機率非常高，建議做開刀治療。另外一個考量，是腸道可能有其他病灶才會一再復發，也建議開刀進行詳細的探查。

灌腸復位術。手術復位的復發率則是二～五%。這些復發的腸套疊可以繼續做灌腸復位術，但若是因為一些病灶誘發造成的腸套疊，灌腸復位術就比較不容易成功，建議進行手術治療較佳。

沙門氏桿菌

「一名研究生至早餐店用餐，疑似因店家使用到遭沙門氏桿菌汙染的蛋液，造成該研究生感染沙門氏桿菌D型，併發敗血性休克，不幸於兩日後去世。」、「南投臭豆腐老店，發生疑似沙門氏桿菌汙染，造成一百八十九位民眾上吐下瀉。」大家一定覺得奇怪，腸胃炎不是吐一吐、拉一拉就好了嗎？為什麼會這麼嚴重呢？一般腸胃炎確實如此，但對沙門氏桿菌引起的腸胃炎，可輕忽不得哦！

危險的沙門氏桿菌腸胃炎

沙門氏桿菌廣泛存在很多的動物腸道中，經由飲食傳染使人類或動物致病。常見的動物感染源是雞蛋、未全熟的雞肉或兩棲類寵物（如巴西烏龜），寵物及寵物飼料（如狗食）中也可能有沙門氏桿菌汙染。

在吃了被沙門氏桿菌汙染的食物一至三天後，會

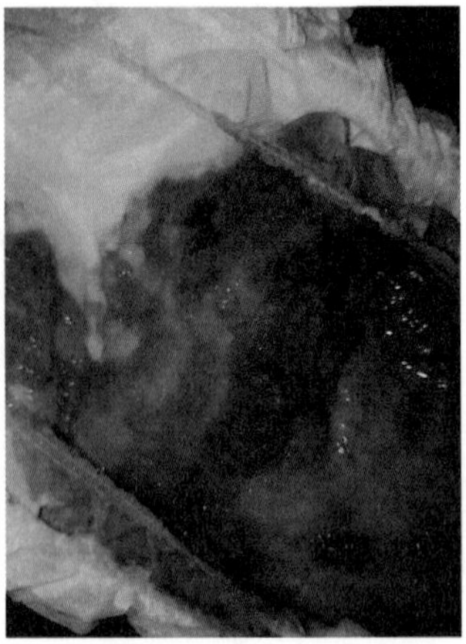

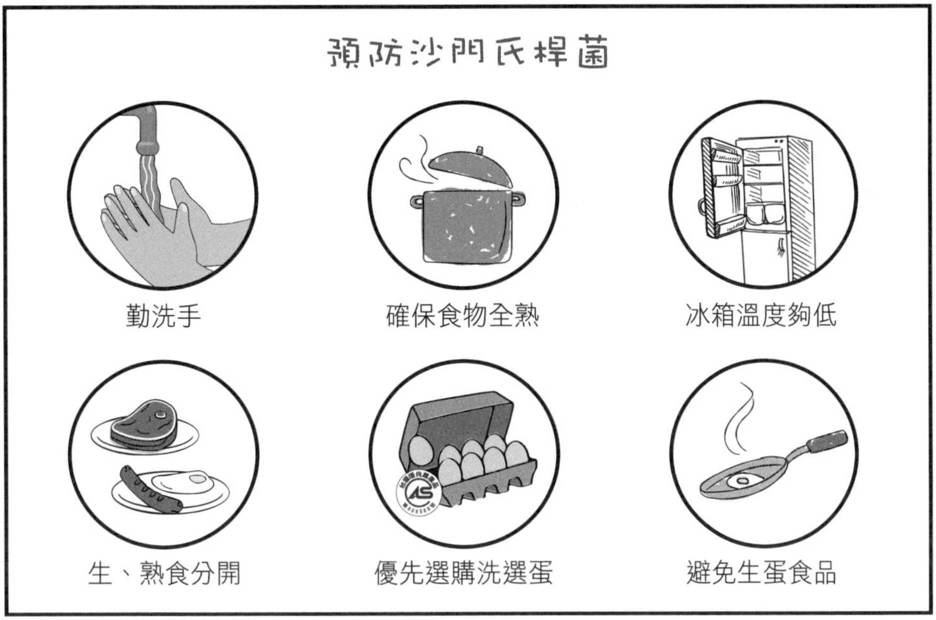
預防沙門氏桿菌
勤洗手
確保食物全熟
冰箱溫度夠低
生、熟食分開
優先選購洗選蛋
避免生蛋食品

開始有發燒、嘔吐、腹痛、腹瀉，可能會有血便等嚴重腸胃炎的症狀（如右頁圖），大多數人三天左右會自癒；但比較危險的，是有五%病人會產生菌血症（細菌跑到血液中），如果未適當治療，會惡化成敗血性休克，也可能造成腸穿孔及腹膜炎。三個月至五歲大的幼兒是惡化的高風險族群，可能和這時期免疫力較不健全，來自媽媽的抗體又已消耗殆盡有關。

如何預防沙門氏桿菌

最重要的，就是洗手、洗手、洗手，使用肥皂或洗手乳，至少用力搓洗二十秒——特別是接觸生肉、雞蛋、動物（寵物）及飼料之後。

黃醫師無毒小祕方

購買冰品的注意要點

冰品常常含生蛋的製品，我們在選購及食用冰品時，要注意下面幾個事項：

- 盡量選擇大品牌的盒裝冰品，注意製造日期選擇一〇八年一月一日之後，因為從這時開始，食用冰製品才開始納入強制檢驗。
- 賣場冰櫃儲存溫度須低於負十八度。
- 若遇包裝破損或嚴重結霜時，請勿購買。

關於散裝冰品，請注意每年各縣市衛生局的稽查結果，一般於五至八月間公布，如台北市衛生局去年就公布了三波市售散裝冰品的查驗結果，詳情可上食藥署網站查詢。

另外，食物要吃全熟，避免生食、半熟。

此外，由於沙門氏桿菌也相當耐熱，七十度C要五分鐘、六十度C要十五至三十分鐘，才能殺死沙門氏桿菌，所以家中幫寶寶泡奶時，建議要用七十度C的熱水來沖泡。還有，沙門氏桿菌在二十至三十七度C的環境繁殖很快，所以家中的冰箱溫度要夠低。做料理時，生食及熟食須分開儲存、處理，以免生食上可能存在的沙門氏桿菌汙染到熟食上。

一般沙門氏桿菌感染引起的胃腸炎，不需要給予抗生素，但若已引發併發症，如敗血症、腹膜炎或胃腸穿孔時，則要盡速給予抗生素治療。如已確診合併腹膜炎或腸穿孔時，亦須進行手術。

早期常見到地下水遭沙門氏桿菌汙染，但隨著家家戶戶使用自來水，已經很少因為飲用地下水而感染，反而是雞蛋成為沙門氏桿菌主要的傳染源。所以，我們在為孩子挑選、烹煮雞蛋料理時，要注意下面幾個事項：

1. 盡量選購洗選蛋，特別是有 CAS 標章，洗選過的生菌數會減少很多。
2. 避免吃生蛋或半熟蛋（溫泉蛋、溏心蛋都算）。
3. 避免食用含生蛋的食品，如冰淇淋、提拉米蘇及美乃滋，特別是五歲以下兒童。
4. 購買早餐時確認店家使用新鮮的全蛋，而非蛋液，並要求蛋全熟。

腸病毒重症

每年夏天腸病毒疫情邁入高峰期，幾乎日日都會看到得腸病毒的孩子來看診，父母也對這個病毒耳熟能詳了。

腸病毒是一個大家族，總共有六十至七十型，每一種腸病毒的臨床症狀有些不同，但特別的是即使同一個腸病毒，在不同人的身上也常出現不同的症狀。比如姐姐得了腸病毒，手腳和咽喉都破洞、紅疹，十分嚴重，妹妹卻可能只有喉嚨一點點紅點而已。

腸病毒的症狀

得了腸病毒會有什麼症狀呢？主要是發燒、頭痛、喉嚨長水泡（泡疹性咽峽炎），四肢或身體長紅疹（手足口病）；但若病情惡化出現重症，侵犯腦部和心臟，可能引發腦膜炎、腦炎及心肌炎，甚至造成死亡。也有出

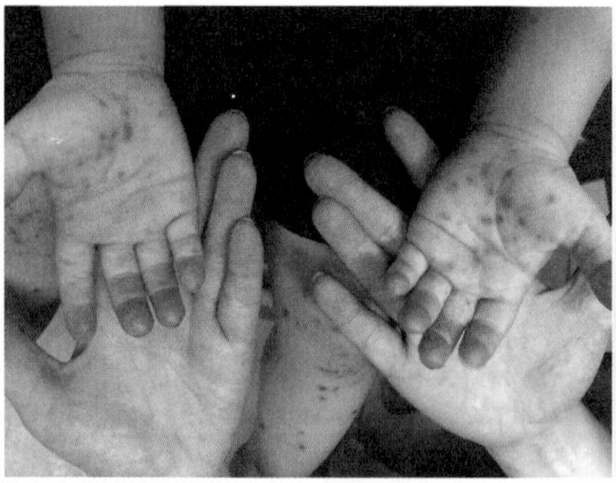

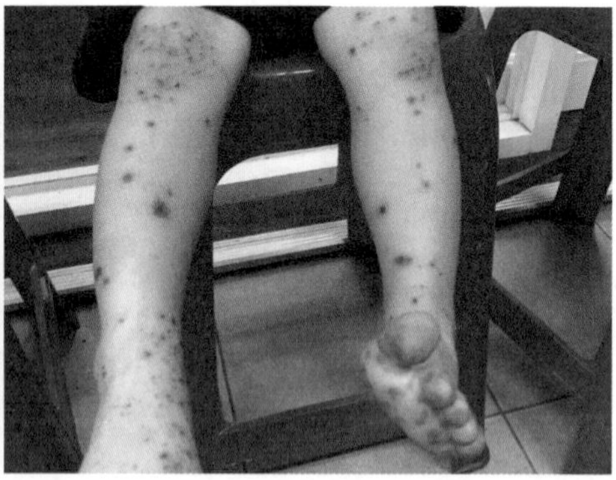

現急性出血性結膜炎、肢體麻痺症候群和流行性肌肋痛等比較少見的症狀。

新生兒腸病毒症狀常常比較不典型，比較常見是發燒、紅疹、腹瀉和嘔吐等，嚴重時會導致肝炎、腦炎及敗血症。

腸病毒Q&A

我在門診時發現，還是有很多父母對腸病毒有一些誤解，下面以Q&A的方式和大家分享。

Q 腸病毒是摸到、吃到，才會傳染嗎？

A 錯，也會和一般感冒一樣飛沫傳染。此外，由於腸病毒會從腸道排出，所以也可能糞口傳染。

Q 有咳嗽流鼻水，就不是腸病毒嗎？

A 錯，有的腸病毒型別也可能有感冒症狀。

Q 只有發病一個星期內會傳染？

A 錯，有研究發現，腸病毒可持續從腸道排出達兩個月以上的時間。

Q 常有人推薦給孩子吃鋅和乳鐵蛋白，可以預防腸病毒？

A 目前沒有人體試驗證實補充鋅、乳鐵蛋白，對於預防腸病毒有效。

Q 以前得過，就不會再得腸病毒嗎？

A 錯，如前面所提，腸病毒有很多型別，每次接觸的型別都可能不一樣，所以得過腸病毒還是可能會再得。

Q 只有小朋友會得腸病毒？

A 錯，成人也會被傳染，特別是每年的流行高峰期，許多成人也都因為感染腸病毒來就診。有研究統計，成人被傳染手足口病的危險因子有下面幾個：

- 有幼兒得到腸病毒（十五倍的風險）。
- 家中有五歲以下的幼兒（九倍的風險）。
- 家人共用手機（五倍的風險）。一般人很少會消毒手機，特別是若和病人共用手機，會大大增加被傳染的風險！關於腸病毒的研究還有一個特別的結果，小孩得到手足口病是男生比較多，成人卻是女性比較多。這可能是因為小男生比較好動，喜歡摸東摸西，所以比較容易被傳染；而孩子的照顧者大部分還是媽媽，所以成人反而是女性較容易被傳染。雖然成人罹患腸病毒幾乎不會引起重症或生命危險，卻是腸病毒的強力傳播者，不可不慎。

恐怖的腸病毒重症

腸病毒最可怕的地方，在於有一部分被感染的孩子會變成重症，其中最常見的是腸病毒71型。一九九八年腸病毒大流行，台灣家長莫不心驚膽跳，這一年流行的主要型

腸病毒重症前兆

嗜睡，意識不清　呼吸急促、心跳加快　持續嘔吐　肌抽躍

別就是71型，造成數十萬人感染，四百零五個孩子發生重症，七十八個孩子不幸致死。

腸病毒71型主要攻擊神經系統，造成腦炎、腦膜炎、急性肢體無力症候群和致命的腦幹腦炎。特別是腦幹腦炎，病毒破壞腦幹神經元，一開始會呼吸急促、心跳過快，再惡化就變成肺水腫、心臟衰竭而死亡。變化之快，可以在一天之內或數小時就致命，是小兒科醫師和爸媽最不願意遇到的夢魘。腸病毒71型已有快篩試劑，用抽血方式檢驗，大約三十分鐘可以知道結果。當腸病毒71型的流行期間或醫師有懷疑時都可以考慮做檢測。

腸病毒重症的症狀有以下四個，只要出現任何一個，就要盡速前往醫院

黃醫師無毒小祕方

腸病毒的四大剋星

在環境消毒部分，酒精是殺不死腸病毒的，請大家記住腸病毒的剋星：乾、熱、紫外線、含氯消毒劑。

- 乾：保持乾燥，可減少腸病毒存活時間。
- 熱：腸病毒在五十度C以上會失去活性，食物或病人的衣物只要高溫處理，即可減少腸病毒傳染。
- 紫外線：曬太陽或使用紫外燈，可減少腸病毒活性。
- 含氯消毒劑：最常使用稀釋的含氯漂白水，可殺死腸病毒。

就診：

❶ 嗜睡，意識不清。

❷ 呼吸急促或心跳加快。

❸ 持續嘔吐。

❹ 肌抽躍（類似受到驚嚇，突然全身肌肉收縮）。

D68則是這幾年才被重視的腸病毒型別。在二〇一四年美國腸病毒D68流行，同時發現併發急性肢體無力麻痺的孩子也變多，讓醫師注意到這個病毒的嚴重性。孩子一開始以感冒症狀為主，在四週內突然發生肢體麻痺無力的症狀，通常不會有典型口腔潰瘍及四肢紅疹等典型腸病毒症狀。很遺憾的，一旦併發這樣的症狀，完全恢復的比例不高，大部分的孩子只能依靠長期復健，來減少肢體障礙的程度。

腸病毒沒有特效藥，父母能做的，就是盡早發現重症前兆，並及早就醫，以免病情惡化時無法即時給予治療。

流感重症

小鈞已經發燒、咳嗽兩天了，這天燒得特別高，還開始嘔吐。爸媽很擔心，於是把他送到醫院急診。急診醫師覺得小鈞精神較差，幫他安排檢查、打上點滴，但報告還沒出來，小鈞就意識不清、逐漸陷入昏迷，怎麼叫都沒反應。醫師緊急插管並安排入住加護病房，入住後小鈞開始全身抽搐，血壓下降……數日後病毒檢查出來，確認小鈞是A型流感造成的流感重症。

得到流感怎麼辦？

流感，是「流行性感冒病毒感染」的簡稱，可分為A、B和C三型，人類會致病的是A和B型。流感比一般感冒症狀程度嚴重許多，有高燒、咳嗽、鼻涕、喉嚨痛和肌肉痠痛，傳染性強，可能造成肺炎、腦炎和心肌炎的併發症。

所幸流感大部分都是輕症，多數人可在一週內康復，但萬一發生重症，無論再好的醫療和藥物，還是有高達兩成的病患會死亡。每年流感重症造成全球五十萬人死亡，特別是老年人、嬰幼兒、孕婦，以及慢性疾病、肥胖及免疫功能不全者。

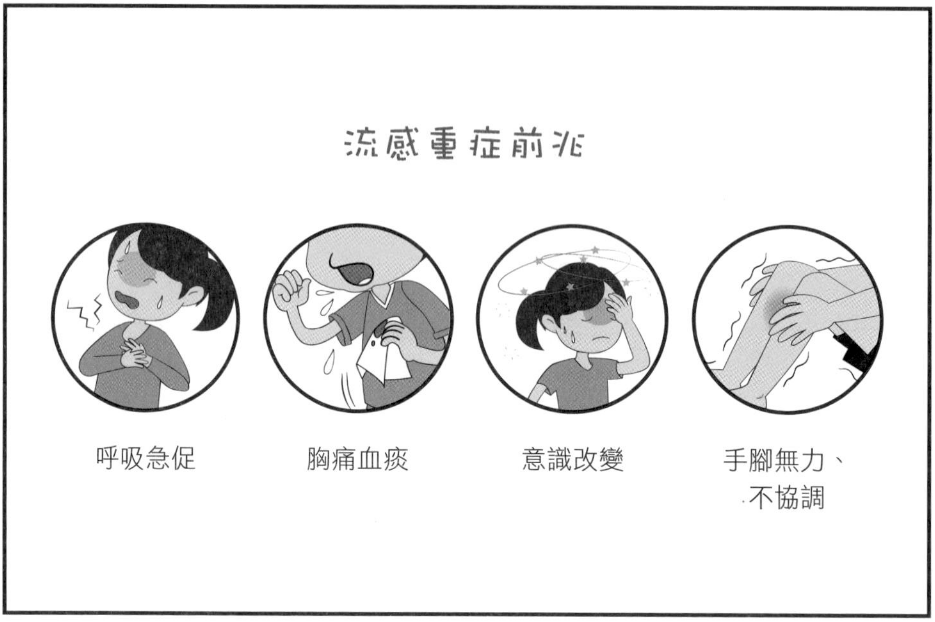
流感重症前兆
呼吸急促
胸痛血痰
意識改變
手腳無力、
不協調

治療部分目前有口服劑型的克流感、吸入式的瑞樂沙和靜脈注射的瑞貝塔，越早期使用效果越好。

要怎麼預防流感重症的發生呢？別無他法，只有事先施打流感疫苗。

★兒童施打疫苗之後，可以減少六十五％流感重症的死亡。

★老人若每年都有施打流感疫苗，可減少七十％重症造成的死亡。

流感重症的危險徵兆

得到流感，不管是A型或B型，最危險的還是引起流感重症，只要出現以下任一個危險徵兆時，應提高警覺，盡速轉診至大醫院就醫。

1. 呼吸急促、心跳過快：要小心肺炎或心肌炎。

❷ 胸痛、血痰：要小心肺炎、心肌炎及肺水腫。

❸ 意識改變、精神很差：要小心腦炎或敗血性休克。

❹ 局部神經學症狀：如某一邊手或腳無力，肢體無法協調，要小心腦炎。

關於流感的防治措施

關於校園的防治措施，流感目前尚無強制學生停課，只有台北市衛生局建議（非強制）的「三二五」：高中職以下學生，三天內出現二名學生確診流感，即停課五天。許多父母一方面擔心，萬一發生流感疫情沒有停課，疫情會在校園擴散開來；另一方面，又擔心孩子一直停課影響課業，或是無法請假照顧孩子。但是，我們要考慮幾個因素：

❶ 流感病毒傳染力驚人，飛沫、接觸甚至空氣都可傳染，在團體生活中非常難預防，而停課對減少傳染有一定的幫助。

❷ 學齡前的幼兒本來就是流感重症高風險族群。國小、國中及高中是否停課或許還有討論空間，但幼兒園不僅衛生措施難以執行（很難奢望孩童可以完全戴好口罩、百分之百把手洗乾淨），每班人數又較多，極易造成病毒散播。

所以個人建議，至少幼兒園還是要落實發燒不上學，若有疫情要適度停課為佳。最後提醒大家，預防流感除了每年按時施打流感疫苗之外，也要注重個人衛生，避免接觸生病的人，經常洗手，遵守咳嗽禮節哦！

注意孩子生病的危險徵狀！

孩子生病時，父母總是心急又手忙腳亂！此時，我們更應該鎮定下來，仔細觀察孩子的精神活力是否良好，或出現了必須送醫的危險徵兆，判斷當下應該繼續觀察或盡速送醫，以免延誤就診時機！此外，當孩子需要急救的時候，父母知道怎麼做嗎？一起來看看！

孩子會是新冠肺炎嗎？

↓

孩子有下列任一個條件

1. 發燒（≧ 38℃）或有呼吸道症狀。
2. 嗅覺、味覺異常或不明原因之腹瀉。

＋

發病前 **14** 日內，
具有下列任一個條件：

1. 國外旅遊史或居住史，或曾接觸來自國外有發燒或呼吸道症狀人士。
2. 曾與出現症狀的極可能病例或確定病例密切接觸。
3. 有群聚記錄。

↓

至可做新冠病毒篩檢的院所進行篩檢

與家人前往醫院時，不可搭乘大眾交通工具，全程配戴口罩，避免與人群接觸！

↓

採檢後回家，繼續居家檢疫、居家隔離，或由醫院提供自主健康管理通知書及等待檢驗結果

孩子感冒了，怎麼辦？

孩子有感冒症狀
（如流鼻水、打噴嚏、
喉嚨痛、咳嗽等症狀）

出現危險症狀！

1. 呼吸急促。
2. 孩子反應遲鈍或沒反應。
3. 孩子很明顯變得虛弱，如很疲倦、完全不吃不喝、拒絕溝通、躁動不安。

↓

盡速送醫或急診！

孩子精神活力佳，
反應良好

↓

多喝水、在家中休息

↓

仍有不適及發燒

↓

先至基層診所就診

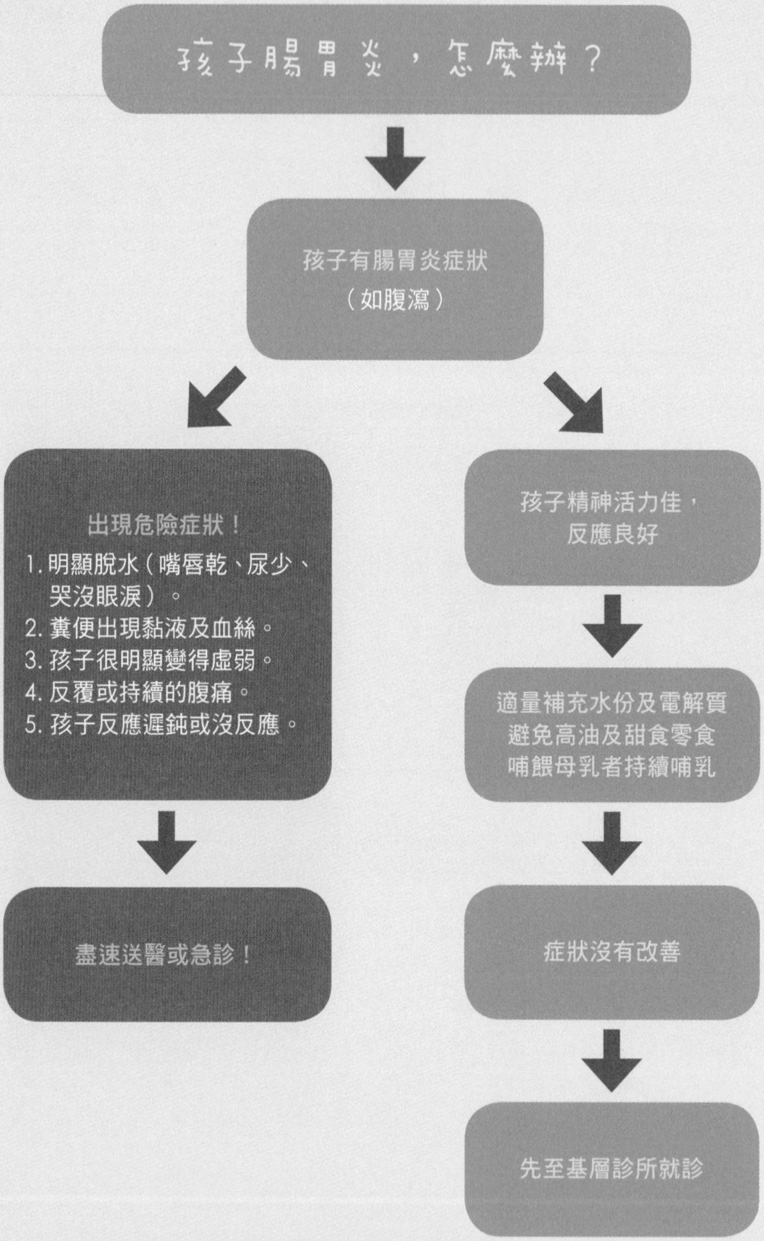
孩子腸胃炎，怎麼辦？
孩子有腸胃炎症狀
（如腹瀉）
出現危險症狀！
1. 明顯脫水（嘴唇乾、尿少、哭沒眼淚）。
2. 糞便出現黏液及血絲。
3. 孩子很明顯變得虛弱。
4. 反覆或持續的腹痛。
5. 孩子反應遲鈍或沒反應。
盡速送醫或急診！
孩子精神活力佳，
反應良好
適量補充水份及電解質
避免高油及甜食零食
哺餵母乳者持續哺乳
症狀沒有改善
先至基層診所就診

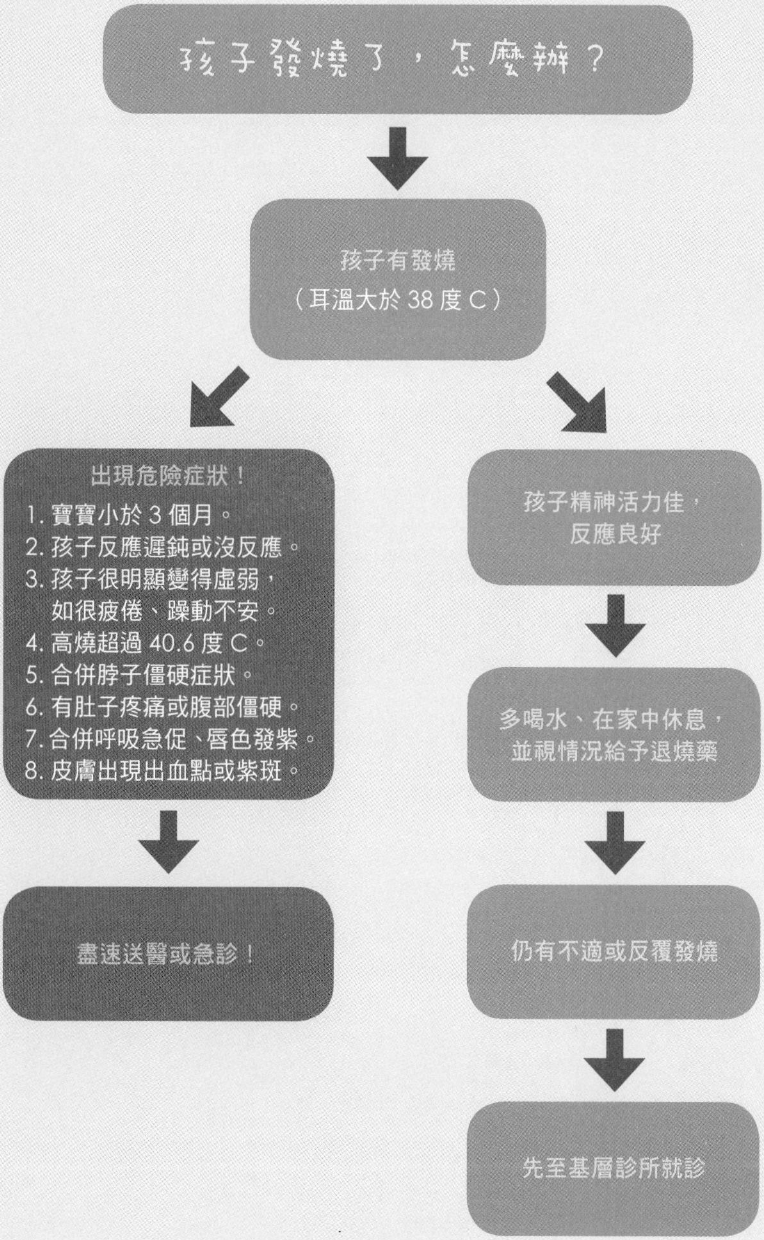
孩子發燒了，怎麼辦？
孩子有發燒
（耳溫大於 38 度 C）
出現危險症狀！
1. 寶寶小於 3 個月。
2. 孩子反應遲鈍或沒反應。
3. 孩子很明顯變得虛弱，
如很疲倦、躁動不安。
4. 高燒超過 40.6 度 C。
5. 合併脖子僵硬症狀。
6. 有肚子疼痛或腹部僵硬。
7. 合併呼吸急促、唇色發紫。
8. 皮膚出現出血點或紫斑。
盡速送醫或急診！
孩子精神活力佳，
反應良好
多喝水、在家中休息，
並視情況給予退燒藥
仍有不適或反覆發燒
先至基層診所就診

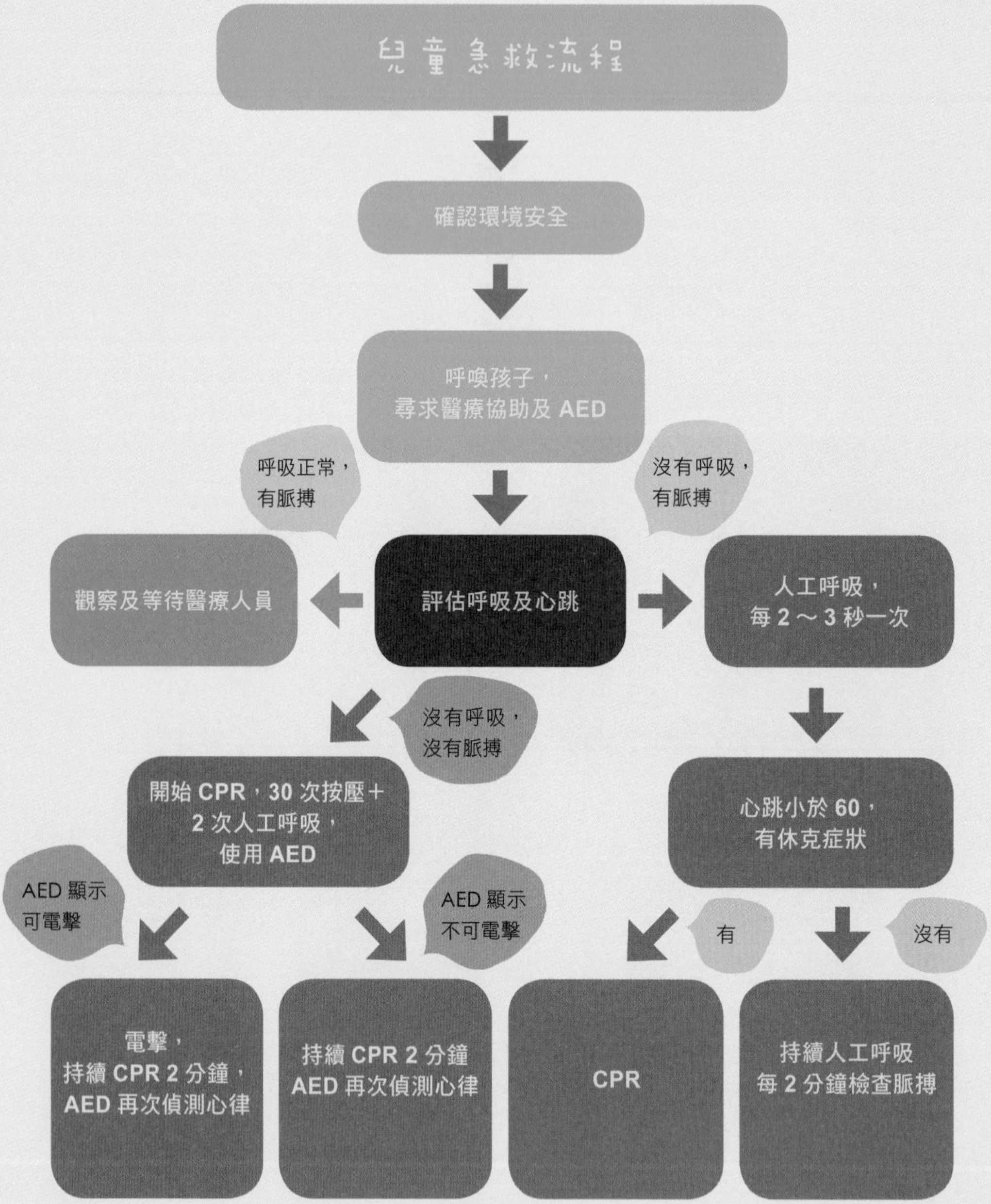
兒童急救流程
確認環境安全
呼喚孩子，
尋求醫療協助及 AED
呼吸正常，
有脈搏
沒有呼吸，
有脈搏
觀察及等待醫療人員
評估呼吸及心跳
人工呼吸，
每 2～3 秒一次
沒有呼吸，
沒有脈搏
開始 CPR，30 次按壓＋
2 次人工呼吸，
使用 AED
心跳小於 60，
有休克症狀
AED 顯示
可電擊
AED 顯示
不可電擊
有
沒有
電擊，
持續 CPR 2 分鐘，
AED 再次偵測心律
持續 CPR 2 分鐘
AED 再次偵測心律
CPR
持續人工呼吸
每 2 分鐘檢查脈搏

腦膜炎和腦炎

「發燒真的會燒壞腦袋嗎？」

在育兒過程中，發燒常常很困擾父母們，尤其是幾隻惡名昭彰的病毒，常常一燒就燒到三十九至四十度——雖然溫度很嚇人，不過大部分的發燒是不會燒壞腦袋的。然而，如果病菌直接感染到中樞神經系統，像是腦炎及腦膜炎，卻可能真的會影響腦袋哦！

什麼是腦膜炎？

我們的大腦及脊髓外層包裹著一層腦膜，負責保護我們的神經系統，一旦受到感染，就稱為腦膜炎。

為什麼會得腦膜炎呢？常見有兩個原因，一個是病菌在身體免疫力下降時伺機進入血液中，侵入中樞神經系統。另一個就是腦部鄰近組織感染（鼻竇炎、中耳炎、乳突炎等），病原伺機翻牆，感染中樞神經系統。

腦膜炎警訊

小於 2 個月	2 個月至 2 歲	大於 2 歲
‧發燒	‧發燒	‧發燒
‧精神不好	‧嘔吐	‧頭痛
‧躁動不安	‧抽搐	‧頸部僵硬

雖然我們不知道為什麼孩子得到同樣的病菌，有的會發展成腦膜炎，有的不會，但有一些族群的確是高風險，像是嬰兒、反覆性鼻竇炎、最近有頭部外傷及頭骨骨折，以及剛接受腦部手術者。

常見病原

細菌、病毒、黴菌都是可能病因。新生兒大多是細菌性腦膜炎，尤其是產道常見菌叢如乙型鏈球菌、大腸桿菌、李斯特氏菌等，而兒童期由於疫苗廣泛接種，細菌性腦膜炎盛行率大為下降，病毒型腦膜炎反而盛行率較高。

如果能獲得及時妥善的治療，腦膜炎患者有可能完全恢復，但還是有少部分可能有後遺症，像是聽力喪失、癲癇、肢體無力或學習困難。

腦膜炎警訊

不同年齡的腦膜炎警訊，有哪些呢？

★小於二個月：發燒、精神胃口不佳或躁動不安。

★二個月至二歲：腦膜炎最常見的族群，小心發燒、嘔吐、過度躁動或嗜睡、抽搐。

★二歲以上：除了上述症狀，還可能會出現頭痛、背痛及頸部僵硬。

比腦膜炎更讓人棘手的「腦炎」

另一個會燒壞腦袋的就是腦炎，顧名思義就是腦部發炎，造成腦部腫脹，影響中樞神經系統，孩子可能會出現發燒、頭痛、嗜睡、躁動、幻覺、意識改變或抽搐等。

雖然比較少見，但相對於腦膜炎，腦炎的預後不好，最常見的原因就是病毒感染，像是單純皰疹病毒、腸病毒，其餘像是細菌、黴菌、寄生蟲也有可能，最近更發現有些是自體免疫造成的，不過還是有很多是找不出原因的。在治療中，除了特定病菌可用特殊藥物外，其餘還是只能用支持療法，所以最重要的還是注重預防，請父母記得帶孩子依照手冊，定期接受疫苗注射，也要保持良好的衛生習慣，多洗手、不要和生病的人接觸，如果自己的孩子生病了，也要避免和其他人接觸，才是上策。

心肌炎

祐祐上禮拜開始咳嗽流鼻水，就醫、吃藥後症狀逐漸改善，但這天突然跟爸媽說胸口和肚子會痛，嘔吐二次，就診後還是沒有改善，而且精神越來越差、臉色蒼白；隔天再度就醫，醫師覺得不對勁安排住院檢查後，才發現是心肌炎，緊急轉入加護病房，並通知心臟外科準備隨時會使用葉克膜……

為什麼會心肌炎？

怎麼一個小小的感冒或腸胃炎，會變成這麼嚴重的疾病呢？顧名思義，心肌炎就是心臟的肌肉發炎，原因主要是因為病毒感染所引起，常見的有克沙奇病毒（腸病毒的一種）、流感病毒、腺病毒及B19細小病毒等。這些病毒較容易入侵心臟，引起心臟肌肉損害及收縮不良，再惡化就會造成病人休克、死亡。心臟就像機器的馬達一樣，一旦馬達損壞，即使其他零件都完好，整台機器就無法運轉。

心肌炎早期的症狀和一般感冒一樣，像是發燒、咳嗽、流鼻水、嘔吐、腹瀉和腹痛等普遍症狀，隨著疾病進展，可能會出現胸痛、呼吸急促，心跳較快及全身無力等症狀。

年齡	正常心跳範圍
新生兒	110～150
二歲	85～125
四歲	75～115
大於六歲	60～100

最後進入心衰竭時期，開始臉色蒼白、發紺、四肢冰冷等休克症狀，若無法恢復，很快就會死亡。心肌炎就是這樣隱晦、難以診斷的可怕疾病，一開始症狀可能像一般感冒或腸胃炎，但後來病情急遽惡化，可以在一天甚至數小時內休克、死亡。

注意心肌炎的四個症狀

要怎麼知道孩子只是一般感冒，還是有心肌炎的症狀呢？可以特別注意下面幾點：

精神特別差

一般感冒，除非發燒或有吃藥會引起嗜睡，不然精神應該不會太差。但這真的要家長細心觀察，如果在家裡，明明沒有發燒也沒吃嗜睡的藥，精神卻比平常差很多，就要提高警覺。

心跳特別快

在快休克的階段，心跳會反射式加快。不同年齡的心跳速度，在沒有發燒、運動或其他特別不適情況下，正常範圍如上

心肌炎注意事項

精神特別差

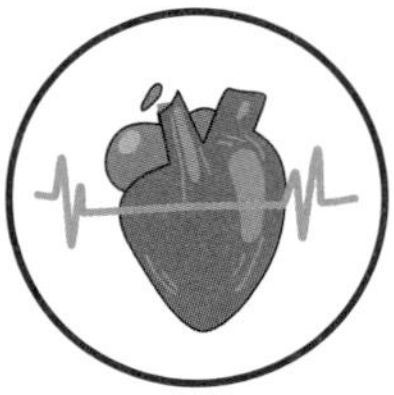

心跳特別快

胸痛和腹痛

呼吸急促、四肢冰冷

表。如果在沒有發燒的平靜狀態下，量測的心跳明顯超過該年齡的範圍，就要特別小心。

胸痛和腹痛

不只是胸痛，心肌炎也有可能以腹痛表現，只能請家長注意孩子的腹痛是否不尋常地嚴重？有的話，就要注意是否有心肌炎的可能。

呼吸急促、手腳冰冷

如果孩子沒有發燒，咳嗽也不厲害，卻呼吸很喘和手腳冰冷，要小心是休克的症狀，要盡速送醫。

有辦法預防心肌炎嗎？

目前的醫學還沒有辦法預防心肌炎。為什麼一樣都是腸病毒或流感，有的孩子幾天就恢復健康，有的孩子卻惡化成心肌炎？這其中還有很多未知的部分，我們只能從避免被病毒感染做起。較容易引起心肌炎的病毒，目前只有流感有疫苗，父母務必每年幫孩子安排施打流感疫苗。據說之後也會有腸病毒的疫苗上市，如果證實是安全有效的，那真的是孩子們的一大福音！

to do list:
read a book
plant some flowers
bake
exercise
Give your pets some attention

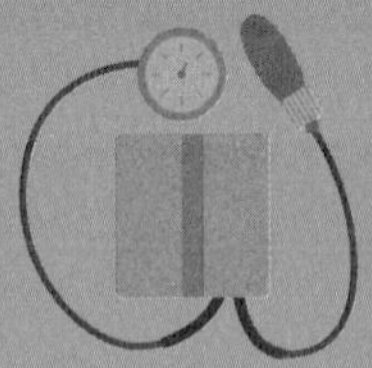

Chapter 2

輕鬆跨過健康小關卡

發燒

所有的父母都經歷過孩子發燒，看到孩子全身發燙、哭鬧崩潰或病懨懨的樣子，讓爸媽心疼不已。

記得以前在小兒急診工作時，常有爸媽帶著高燒孩子急急忙忙衝進診間，希望醫師盡快幫孩子治療和看診。面對孩子的發燒，到底要緊張？還是可以放著不管？其實，這都不是適當的應對方式，我們先要有正確的觀念。

摸起來熱熱的，就是發燒嗎？

雖然在看診時，都會衛教爸媽用手摸不準，要使用溫度計測量，不過我發現媽媽的感覺真的蠻準的！即使在診間量時沒燒，媽媽說有燒的孩子回去幾乎都會燒起來。不過，

發燒的正確觀念

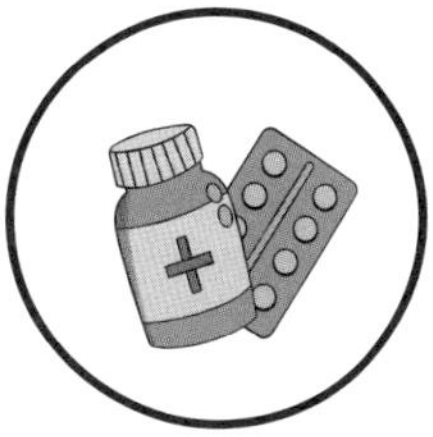

幾度算發燒？

- 肛溫、耳溫 38 度
- 腋溫 37.2 度
- 6 個月以下量肛溫

腦袋會燒壞？

- 燒幾度不影響
- 感冒不會燒壞腦袋
- 腦炎才會燒壞腦袋

要怎麼退燒？

- 退燒只是治標
- 只有藥物可以退燒
- 千萬不要逼汗

實際上我們還是必須好好幫孩子量體溫，不只確認是否發燒，也為了追蹤後續體溫變化，幫助醫師對病情進行良好的判斷。如果用筆紙記錄不方便，現在有很多APP，除了記錄也能畫出體溫曲線圖，看診時可提供醫師參考。

常用的量測體溫儀器，有耳溫槍、腋溫計、肛溫計和額溫槍。一般最常使用的耳溫槍，優點是快速，準確度尚可，沒有侵入性。但有時會受耳屎、耳道大小和孩子的配合度影響。準確度最好的是肛溫計，比較不會受外在條件影響，但量測孩子會不適，可能哭鬧不配合，所以除非是六個月以下寶寶、不適合用耳溫槍時，才會使用肛溫計測量。腋溫計是很傳統的體溫計，缺點是量測需要一些時間，如果皮膚流汗、潮濕也可能會影響準確度。額溫槍的優點是可大量、快速進行篩檢，但缺點是準確度差，容易受環境溫度影響。

量到幾度才算有發燒呢？我們是以中心體溫三十八度C算發燒，肛溫和耳溫量到的都算是中心體溫，都是以三十八度C算發燒；腋溫必須減〇．八度，三十七．二度C就算發燒了。

重要的是發燒的原因，而非溫度

如前所提，很多爸媽一量到孩子發燒就急著要做退燒，擔心就像保險絲過熱會燒斷一樣，一直發燒會燒壞腦神經。其實真的不用擔心這麼多，我們身體有調控體溫的機轉，除非有外在的因素，比如中暑或藥物引起惡性高溫等，不然一般狀況體溫再高也不會高於四十一度，而人體的組成如蛋白質，要產生變性及破壞至少也要四十二度以上，所以若只是因為一般感冒引起發燒，真的無須擔心腦會燒壞掉。

但如果發燒是因為病菌侵犯腦部，如腦膜炎或腦炎引起的發燒，就有可能對腦部造成傷害，而這時不管發燒是三十八還是四十度，都有可能造成腦部受損。

請大家一定要記得，最重要的是引起發燒的病因，而不是發燒的溫度。那麼，我怎麼知道孩子發燒是不是腦膜炎或腦炎引起的呢？老實說，在發燒早期，醫師也不容易判斷，須密切追蹤、觀察才能確定。但在醫療發達、疫苗普遍施打的今日，以前常見會引起腦炎、腦膜炎的病菌已相當少了，所以我們應謹慎帶孩子就醫，但也無須過度緊張哦！

黃醫師無毒小祕方

什麼是雷氏症候群？

根據統計，感染流感或水痘的孩子，在服用含阿斯匹靈的退燒藥物後，有少部分的孩子會出現嘔吐、意識不清、痙攣、呼吸困難及昏迷等症狀，並發現孩子肝功能受損及腦部水腫。若病情無法改善，可於二至三天內死亡。雖然詳細的機轉目前仍未知，但醫師在發現禁用阿斯匹靈作為罹患流感或水痘孩子的退燒藥之後，發生雷氏症候群的孩子立即大幅減少。

發燒一定要退燒嗎？

發燒是我們身體對抗病菌的機轉之一，體溫的升高可抑制一些病菌生長，強化人體的免疫反應，對於對抗病菌的感染是有幫助的。除了少數特別狀況，比如孩子容易因為發燒引起痙攣、抽搐（請參考P.193），必須積極地退燒外，一般的狀況，退燒對於治病並沒有助益，有些研究還曾經報告會引起壓抑人體的免疫反應，延緩疾病的康復。

另外，提供我自己的經驗給大家參考。如果孩子發燒真的太頻繁，造成無法入睡或半夜哭鬧，睡前我會先幫孩子退燒，讓親子都稍微休息，隔天才有體力再和病菌作戰。這不是必要的做法，但在爸媽都很累時，這是我的權宜之計。

還有一種情況，是孩子幾乎一直發高燒。只要高燒，孩子看起來就病懨懨的，不只爸爸、媽媽，連醫師也會緊張擔心。這時可以幫孩子退燒看看，若退燒後精神活力十足，就不用太過擔心。這種狀況最典型的代表就是腺病毒，常常都是三十九至四十度C，但只要退燒，孩子就又生龍活虎了。

退燒的正確方式

真正有效的退燒方式，只有吃退燒藥或使用退燒塞劑。我們常聽到給孩子睡冰枕、貼退熱貼或洗溫水澡等方式，這些措施都只是不要讓體溫升更高，讓孩子感覺舒服一點，但都無法退燒。而且若孩子在畏寒發抖的階段，睡冰枕只是讓他更冷、抖得更厲害而已。

偶爾，還有老一輩的爺爺、奶奶，會用厚被子、衣服把發燒的孩子包緊緊，認為把汗逼出來，病就好了——這絕對是錯誤的觀念哦！是因為退燒了，孩子才流汗，並不是流汗才退燒，這是倒因為果的。高燒時包太多衣服，有可能讓體溫升得更高，孩子更不舒服，反而要讓孩子穿少一點、幫助散熱，才是正確的做法。

口服退燒藥水有兩種，效果都不錯，一種是Acetaminophen，其實就是普拿疼的水劑；另一種是Ibuprofen。兩種藥水的劑量，都是不超過體重的一半，比如十公斤的孩子每次給四或五CC，每隔四至六小時吃一次。退燒塞劑則是保留到孩子無法（如嘔吐）或拒絕吃藥時，再進行使用。

很重要的，是不要使用含阿斯匹靈的退燒藥物，萬一孩子是因為罹患流感或水痘而發燒，使用阿斯匹靈可能會引起危險的雷氏症候群。

熱性痙攣

前陣子，一位媽媽帶著一歲多的發燒弟弟來看診。看完診剛走出門口，媽媽突然大叫：「弟弟、弟弟，醒醒啊！你怎麼了？」我和護士衝出去看，弟弟唇色發黑，眼睛上吊、失去意識，身體和四肢不斷抽搐。我們迅速帶弟弟回診間、給予氧氣和加以退燒，幸好抽搐不到一分鐘就停止，弟弟也逐漸醒來，大家這才稍微鬆了一口氣，安排弟弟到醫院做進一步檢查。

熱性痙攣是癲癇嗎？

這樣的場景在每個醫療院所幾乎都發生過，是很典型的熱性痙攣。熱性痙攣通常發生在六個月大至六歲之間，之後就很少會因為發燒而產生熱性痙攣了。五歲以下的孩子，大約每二十至三十個孩子，就有一個會有熱性痙攣的體質。這樣的體質是會遺傳的，所以當我們問孩子的阿公、阿嬤，常常會聽到：「啊，他爸（或他媽）小時候也發生過！」

熱性痙攣和一般癲癇一樣，都是腦部的不正常放電引起，會造成孩子失去知覺、全身抽搐和眼睛上吊，也因為會停止呼吸，所以會有臉色、唇色發黑的情形。熱性痙攣是因為孩子腦部還不成熟，當經歷突然的高燒，腦部細胞過度興奮，會產生放電；所以當年紀越來越大，腦部成熟了，即使發高燒也不會再發生抽搐的情況。而癲癇則是任何時間和年齡都可能會發生。

什麼情況會引起熱性痙攣呢？只要有熱、發燒，加上孩子本身有熱性痙攣的體質，就可能誘發痙攣發作。最常見引起發燒的原因很多，像一般感冒、嬰兒玫瑰疹、中耳炎和肺炎、泌尿道感染等，都有可能引發熱性痙攣。所以小兒科醫師在治療痙攣的同時，也要同時治療發燒的原因，才能避免熱性痙攣再次發作。

單純性熱性痙攣和複雜性熱性痙攣

臨床上，醫師會將熱性痙攣分為「單純性熱性痙攣」和「複雜性熱性痙攣」。前者比較常見，有三個特色：

1. 通常抽搐時間很短，不到十五分鐘。
2. 發作類型以全身性抽搐為主，不會只有單側肢體。
3. 一次發燒，只會發作一次。

只要有一項不符合，就是屬於複雜性熱性痙攣。

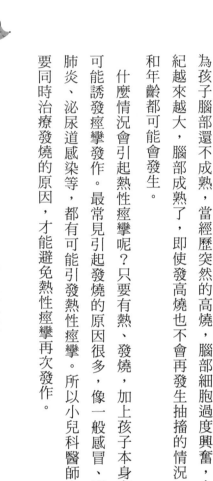

如果是符合以上三個條件的單純性熱性痙攣，父母可以不用太擔心，通常之後預後是很好的，對小朋友之後的學習發展不太會有影響。但若是複雜性熱性痙攣，之後會變成癲癇的機率就比較高。但要注意的是，並不是發燒加抽搐，就一定是熱性痙攣哦！有時中樞系統感染，如腦膜炎、腦炎，也有可能引起發燒及抽搐，這可比一般熱性痙攣嚴重多了！所以如果有疑慮，還是要請小兒科醫師評估。

熱性痙攣會再發作嗎？

統計結果顯示，再發生的機率其實不低，大約三十～四十％。一般而言，發生了第一次後再發生第二次的機會，約為三分之一；再發生第三次的機會是二分之一；又再發生第四次的機會則是三分之二；發作次數越多，再發的機率就越高。會再發生熱性痙攣的危險因子包括：

1. 第一次發作不到一歲（也有人說十八個月）。
2. 有熱性痙攣家族史。
3. 發燒度數不高就發作。

熱性痙攣緊急處置

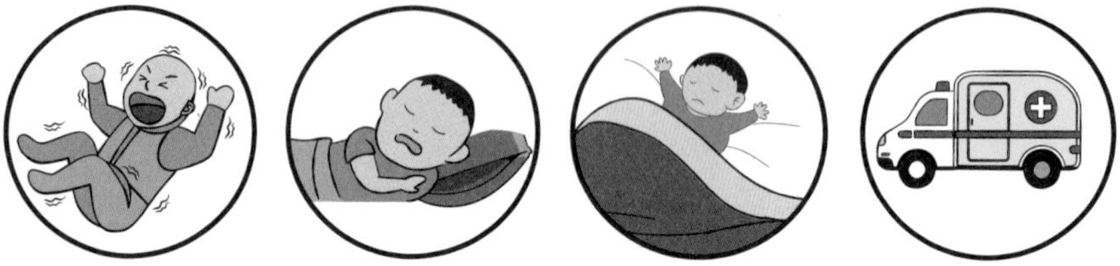

口鼻暢通不塞口　頭側躺避免嗆到　環境安全無雜物　超過 5 分鐘要緊急送醫

熱性痙攣時的處置要點

當孩子發生熱性痙攣時，爸媽要做的有以下四點：

❶ 維持呼吸道暢通，不可塞任何東西（包括手指、湯匙）到孩子嘴巴，因為抽搐而咬傷舌頭的機會很低，硬塞東西到嘴巴反而常引起牙齒斷裂和舌頭受傷。

❷ 讓孩子維持側躺或頭朝側面的姿勢，避免讓口水或嘔吐物嗆到氣管，影響呼吸。

❸ 讓孩子躺在寬闊沒有雜物的地方，比如大床或有鋪軟墊的地上，以免撞到雜物而受傷。

❹ 抽搐時間若超過五分鐘還未停止，須緊急送醫。一般建議請救護車幫忙，救護車上才有足夠的設備

黃醫師無毒小祕方

熱性痙攣會不會變成癲癇？

大部分熱性痙攣的孩子預後非常良好，只有大約二%的孩子，後來會演變為癲癇，只比沒有熱性痙攣的孩子高一點而已。但當有合併下列狀況，則機率會上升：

- 複雜性熱性痙攣
- 有癲癇的家族病史
- 有神經發展相關疾病

可應付突發的狀況。

那萬一孩子真的發生熱性痙攣時，什麼情況要趕快送醫院呢？

1. 第一次痙攣發作。
2. 發作時間超過五至十分鐘以上。
3. 連續兩次以上發作。
4. 發作之後，持續無法呼吸（唇色、臉色持續發黑）。
5. 發作時有撞傷或導致其他外傷。

玫瑰疹

一歲的孩子因為高燒來看診，沒有感冒症狀，只有喉嚨一點紅腫；高燒四天後回來追蹤，燒雖然退了，身體卻開始長滿一顆顆的小紅疹。有經驗的爸媽和小兒科醫師都知道，這就是大多數孩子都會長一次的「嬰兒玫瑰疹」。

什麼是玫瑰疹？

玫瑰疹主要是因為感染到人類皰疹病毒第六型、第七型所引起，好發在二歲以內的孩子（九十％），七至十三個月大是被傳染的高峰期。主要的症狀就是高燒，而且是突發性的高燒，常可高達四十度，持續三

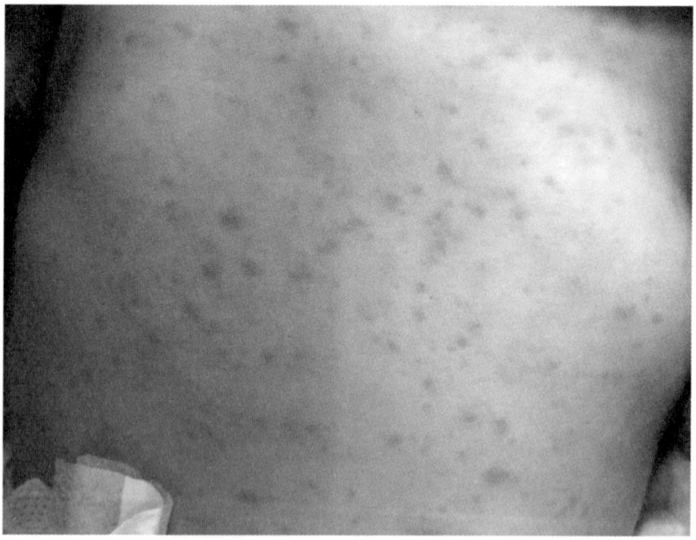

至五天。有時會合併輕微的感冒症狀和腹瀉。在高燒四至五天後才退燒，同時，從身體和脖子開始長密密麻麻的小紅疹，紅疹逐漸擴散到臉部和四肢。疹子呈現玫瑰紅（rose pink），不會癢或痛，持續數天後紅疹才自行消退。

目前沒有什麼檢查方式，可以早期就判斷出孩子是否罹患玫瑰疹，讓爸媽們甚至醫師十分困擾。反覆的高燒常常讓爸媽每天跑醫院或診所，這時候孩子的精神、活力就很重要了，若孩子退燒後精神、活力都很好，會玩會吃，基本上可再稍等個一、二天，等到看到紅疹長出來，也就是孩子退燒，爸媽可以鬆一口氣的時候了。

就像水痘一樣，玫瑰疹只要得一次就會有抗體，所以大部分的人一輩子只會得一次。但凡事總有例外，如上所提，玫瑰疹的病毒有兩型，所以少數的孩子會得兩次。玫瑰疹是經由飛沫傳染，常見是無症狀的大人或大孩子帶原者，經由密切接觸而傳染給幼兒，直接經由罹病的孩子傳染反而比較少，所以玫瑰疹很難預防，因為很多帶原者都是沒有症狀的。

玫瑰疹要怎麼治療？

在孩子退燒了，病程結束後，大多數孩子會完全康復沒有併發症，但在病程中的高燒，有時會引起熱性痙攣（十五%），這是爸媽們比較要小心的地方。一般預後良好，很少有後遺症，但有極少數有引起腦炎、腦膜炎及肝炎的個案報告，特別是免疫缺乏或接受器官移植的病童。

治療方面，玫瑰疹沒有特效藥，所以只需要支持性療法——觀察孩子的體溫和精神活力，適當補充水分。若有熱性痙攣家族史，發燒時須特別注意發生痙攣的可能性。常有人問到，疹子長得那麼嚴重不用擦藥嗎？真的不用！玫瑰疹的紅疹經過數天後會自行消退，不會留任何疤痕，不需要太擔心。

黃醫師無毒小祕方

孩子發燒、長紅疹，就是玫瑰疹嗎？

可能是因為玫瑰疹讓人印象太深刻了，經過網路或父母們口耳相傳，只要孩子一燒、皮膚長一點紅疹，就緊張地抓著醫師問：「是不是玫瑰疹？」

但是，會引起孩子發燒、起紅疹的病菌實在太多了，像腸病毒、A 型鏈球菌感染也是常見會發燒合併紅疹的疾病。還是請讓醫師好好地問診、檢查，才能得到比較確定的診斷哦！

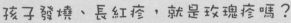

腺病毒

「燒燒燒，孩子怎麼一直燒呢？都來看第三次了！」爸爸媽媽心急如焚，在診間和醫師乾瞪眼。

「那可能需要做一下檢查，我們來做一下快篩。」

「是什麼快篩？流感快篩已經做過了，是陰性！」

「不是流感快篩，而是腺病毒的快篩檢查哦！」

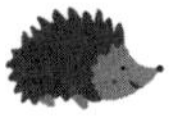

腺病毒的症狀是什麼？怎麼傳染？

每到冬天、春天，各種病毒都會來湊熱鬧。除了第一主角流感之外，腺病毒也常常是數二數三的大配角。腺病毒主要感染嬰幼兒到學齡的兒童，特別是在團體生活，如軍隊，連成人也可能會被傳染。

腺病毒有五十二種型別，不同型別的症狀會有一些差異，但最常見的腺病毒症狀就是高燒，可以燒到三十九、四十度以上，可能會持續高燒五至七天。在兒童，最典型的表

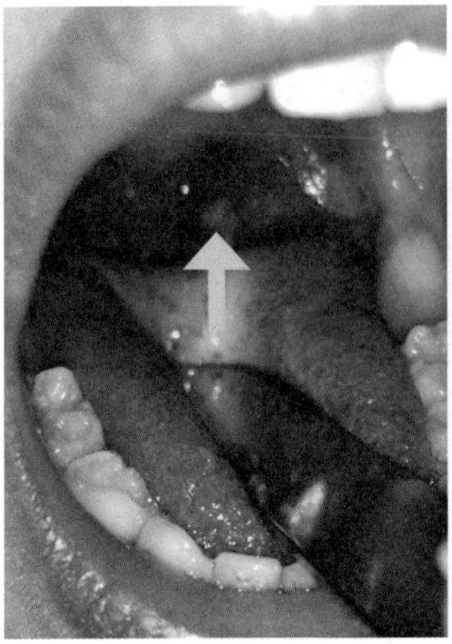

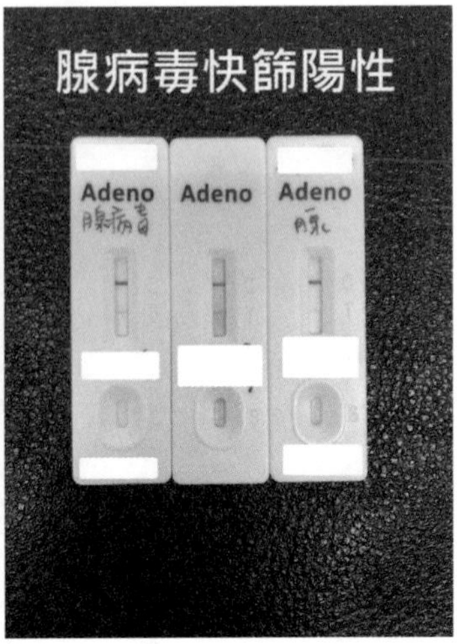

現莫過於咽結膜熱（急性咽炎加上結膜炎）。腺病毒的咽炎，有時可見扁桃腺多發性小膿包（如左上圖，箭頭處）。另外，不同型別的腺病毒也可能造成急性胃腸炎和膀胱炎。

腺病毒是經由接觸傳染，比如觸摸、握手後，未清洗就摸自己的眼、鼻和嘴巴。還有飛沫傳染，比如打噴嚏和咳嗽也可能造成傳染。游泳也是可能的傳染途徑，偶爾可聽到孩子去游泳完後，眼睛紅起來且合併發燒，俗稱「泳池熱」，其實就是腺病毒引起的。

除了醫師的專業判斷之外，目前已有腺病毒快速篩檢，只需五至十分鐘就知道是不是被腺病毒感染，準確度可達九成。另外，也可做咽喉的病毒培養，但等到結果出來至少要一週，那時孩子的症狀通常好得差不多了。

黃醫師無毒小祕方

腺病毒和流感病毒要怎麼分別呢？

流感和腺病毒都好發在冬季和春季，兩者皆會高燒，也都常見有咳嗽、鼻涕及喉嚨痛等症狀，讓爸媽們焦頭爛額，要怎麼區分呢？

得到流感的孩子一般會滿虛弱的，比較不適；但得到腺病毒的孩子，雖然高燒時精神稍差，但燒退後又會恢復平常的活潑。此外，流感較常引起全身痠痛的症狀，腺病毒則較少有痠痛症狀。

如何治療腺病毒？

腺病毒目前沒有特效藥，以支持性療法為主，要補充足夠的水分，藥物只是緩解孩子的不適。腺病毒是一個雷聲大、雨點小的病毒，燒起來動不動就三十九度、四十度，但極少會造成嚴重的病症，大部分的病人都可以完全康復。少數情況會合併細菌感染，或併發肺炎、中耳炎、角膜炎、結膜炎、腦炎、腦膜炎或心肌炎等嚴重狀況，所以爸媽們還是要注意並定時回診追蹤。

預防方式和一般感冒一樣，做好個人衛生，使用肥皂勤洗手，沒洗手前不要碰觸眼睛、鼻子或嘴巴，避免和腺病毒或疑似腺病毒的病人接觸。

臍疝氣

「我的寶寶怎麼有個凸肚臍呢？要不要開刀？長大會不會好？」

前幾年還有個誇張的新聞，中國有一對年輕夫妻看到新生兒肚臍突出，以為是脹氣，竟然拿刀片把肚臍劃開，結果腸子從傷口處被推擠出來達五十公分，緊急送醫後才開刀將腸子縫合回去。

什麼是臍疝氣？

臍疝氣就是發生在肚臍的異常突出（如下圖）。新生兒臍疝氣算是十分常見的疾病，大約十五～二十五％的新生兒有過這樣的症狀，早產兒腹壁肌肉比較柔弱，所以更容易見到臍疝氣的症狀。

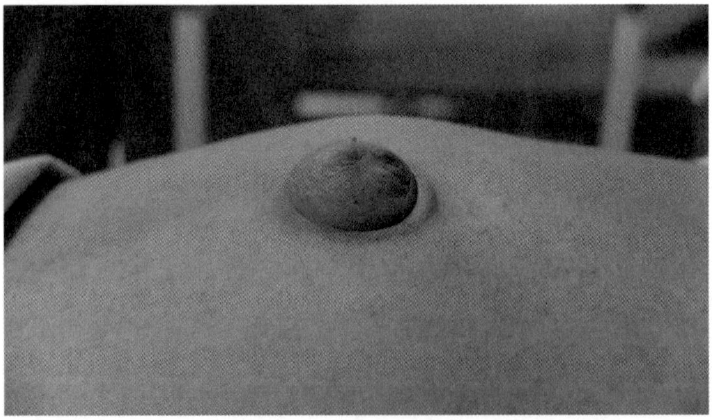

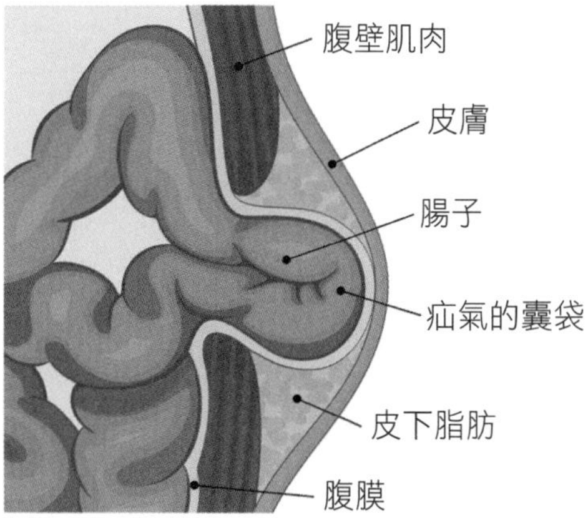

新生兒臍疝氣的主因，是胚胎發育時肚臍環關閉不完全所導致，造成肚臍部位的內部沒有筋膜包覆保護，只有皮膚和皮下組織蓋在上面，下方就是腸子（如上圖）。

臍疝氣被發現，通常是觀察到寶寶肚臍部位有一處像鈕扣狀的突起，當寶寶哭鬧、咳嗽或用力時，會突起得更嚴重。所有父母都要注意臍疝氣是否合併鉗閉的症狀（即疝氣卡住推不回去）。萬一發生鉗閉，寶寶會有腹痛、嘔吐及持續肚臍硬塊無法回復的表現，這是腹部急症，必須緊急動手術。一般而言，疝氣範圍小於一公分比較容易發生臍鉗閉，大於一公分反而比較不會。

臍疝氣要怎麼診斷呢？

在幫新生兒做體檢時，有經驗的兒科醫師即可判斷，但要注意寶寶是否有其他先天異常，比如唐氏症、愛德華症候群、甲狀腺機能低下症、黏多醣症、貝克威斯—韋德曼氏症候群，以及馬凡氏症候群等，因為有合併這些異常的寶寶，臍疝氣通常是不會自己關閉的，可能會需要進行手術來閉合。

臍疝氣的預後非常好，我們對於臍疝氣有一個「二的規則」，只要臍疝氣小於二公分，

臍疝氣須就醫時機

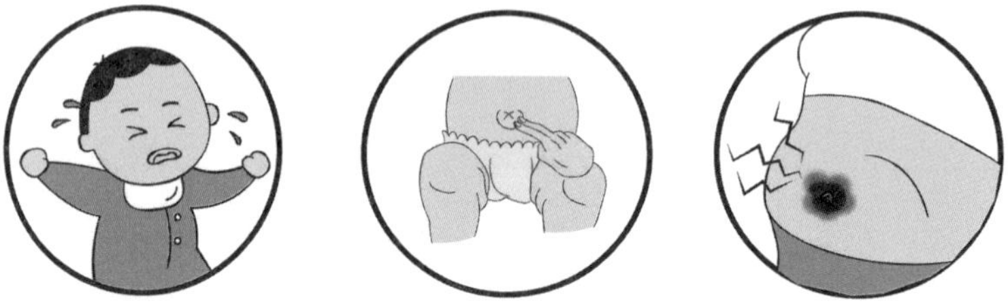

異常哭鬧
及嘔吐

臍疝氣無
法推回

肚臍及旁邊
紅變黑

大部分的臍疝氣在二歲之內會逐漸關閉，不需要動手術或特別的治療。即使二歲時還沒完全關閉，但只要有逐漸癒合的趨勢，醫師會等到五歲再來決定是否需要動手術。

黃醫師無毒小祕方

臍疝氣要被壓住嗎？

以前有個習俗，是使用錢幣或銅錢壓住臍疝氣的部位，這是完全不需要的，而且一不小心綁太緊，還可能壓迫到腸子造成壞死，或是摩擦造成接觸性皮膚炎等，就得不償失了。

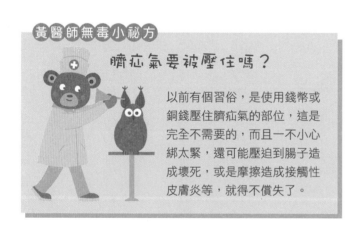

肺炎

「咳咳咳！」在公共場合若有人咳得太厲害，大家都閃得遠遠的！不管大人或孩子，咳嗽都很常見，但最須小心的咳嗽，就是肺炎了。肺炎就是因為肺部受到感染而發炎的疾病，依據感染病菌的不同，可區分成典型肺炎（如細菌性肺炎）及非典型肺炎（如病毒性肺炎、黴漿菌肺炎）等，但較會造成傷害的其實是細菌性肺炎，如肺炎鏈球菌肺炎。另外，黴漿菌肺炎也是很常見和有特色的肺炎。

肺炎和一般感冒的不同

肺炎早期的症狀如同一般的感冒，就是咳嗽、發燒，但隨著病程進展，孩子開始反覆高燒、劇烈咳嗽及呼吸急促，若沒有及時治療，可能會惡化成呼吸衰竭及休克死亡。在早期要診斷肺炎是相當困難的，除了回診讓醫師追蹤以外，父母最要注意的，就是孩子有沒有呼吸急促的症狀。

肺炎比較

肺炎鏈球菌	黴漿菌
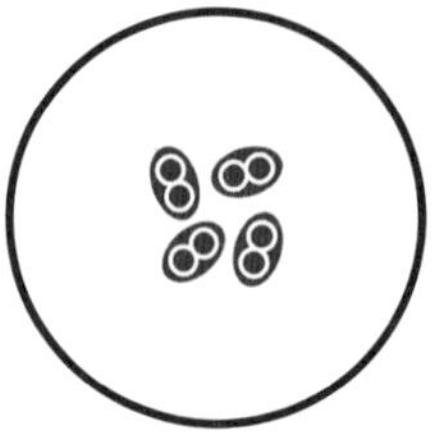	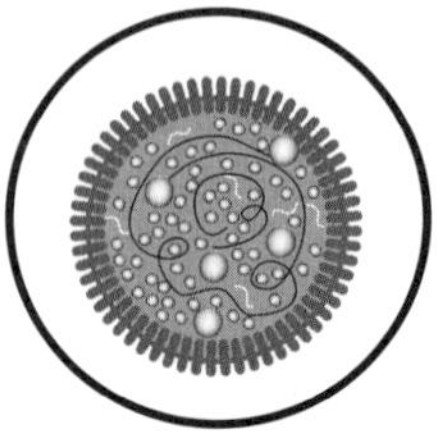
·症狀：高燒畏寒、咳嗽濃痰、呼吸急促 ·用藥：傳統抗生素，須注意抗藥性 ·有疫苗	·症狀：乾咳、頭痛、腹瀉、嘔吐 ·用藥：紅黴素類、四環黴素及恩菎類 ·目前沒有疫苗

肺炎鏈球菌造成的肺炎

肺炎鏈球菌感染較為兇猛，會造成腦膜炎、敗血症、肺炎及中耳炎，特別是對於兒童及老年人，嚴重感染的情況並不少見。所幸現在已經有很好的疫苗，來預防肺炎鏈球菌的感染，在普遍施打後，目前引起重症的比例經降低非常多了。在肺炎鏈球菌的治療上，最重要的還是需要給予適當的抗生素。

黴漿菌造成的肺炎

黴漿菌是一種非常古老的細菌，但早期發現時以為它是一種黴菌，名字就一直誤用至今。由於它表面的蛋白結構存在許多變異，所以人體無法正確辨識以及產生免疫力，感染後還是可能再度感染。黴漿菌相當常見，特別是免疫力較低的族群最易受感染，像是小朋友以及老人。黴漿菌感染的早期症狀是咳嗽、發燒、喉嚨痛、頭痛、肌肉痠痛和流鼻水，在急性期過去之後，就開始了最惱人的「無窮無盡的咳嗽」，但又不像其他細菌引起的肺炎那麼虛弱，常常需要住院臥床休養，所以黴漿菌引起的肺炎，又稱作「走路的肺炎」。

治療黴漿菌，對症下藥最為重要。由於黴漿菌沒有一般細菌擁有的細胞壁，所以一般抗生素對它沒有效果（大多數的抗生素作用機轉，是抑制細胞壁合成，達到殺菌或抑菌作用），必須使用紅黴素類、四環黴素或恩菎類的抗生素。所以常常有小朋友咳了好幾個禮拜，看了好幾家診所、也吃了抗生素了，卻還是一直咳咳咳。

肺炎的傳染方式和一般的感冒一樣，是藉由密切的接觸和咳嗽時產生的飛沫傳染，所以周圍有家人或朋友在咳嗽時，戴口罩和洗手是非常重要的哦！

黃醫師無毒小祕方

抗生素的注意事項

在幾十年以前，肺炎是非常危險的疾病，孩子因感染肺炎引起呼吸衰竭或敗血症死亡的例子十分常見；時至今日，已經有非常好的抗生素可治療大部分的肺炎。不過，使用抗生素要注意的，就是足夠的劑量和療程，抗生素的劑量如果太低，不但沒效還增加細菌抗藥性的可能，所以兒童生病一定要找小兒科醫師看診，避免藥量過量或不足的問題。另外最要不得的，就是吃了幾天的抗生素之後，爸媽們覺得症狀已經改善，就自行停藥或不回診追蹤。這樣會讓殘存的細菌繁殖，產生抗藥性，病情再度惡化，就很難治療了。

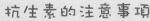

中耳炎

五歲小女生咳嗽、流鼻水好幾天了，媽媽說她昨晚耳朵痛到睡不著，一早就來看診。有經驗的醫師聽到這裡大概都有個底了。用檢耳鏡一看，果然耳膜紅紅的，又有很多的中耳積水（如P.211右圖），是很典型的急性中耳炎表現。

為什麼小孩容易中耳炎？

急性中耳炎在小兒科門診很常見，三歲以下的孩子，有八十%至少得過一次中耳炎，其中又以二歲以下最多。幼兒的耳咽管比成人水平和短，在感冒時容易因鼻涕中的病菌進入耳咽管、到達中耳，引起急性中耳炎。

孩子中耳炎的表現，通常都是先感冒、有咳嗽鼻水，數天後併發細菌感染而引起。中耳炎最常見的症狀是突發性的耳朵疼痛，配合醫師使用檢耳鏡發現耳膜鼓起、耳膜充血或灰白混濁、有中耳積液，就可以診斷了。小寶寶還不會表達，就會以哭鬧、抓或拍打耳朵來表現。所以小寶寶有不適就醫時，醫師幾乎都會例行性看一下耳朵，來排除中耳炎的可能性。

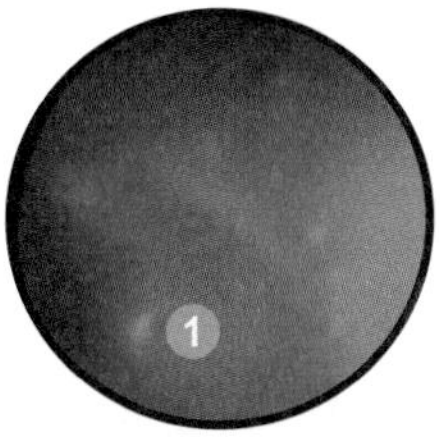

正常耳膜

❶ 耳膜清澈透亮

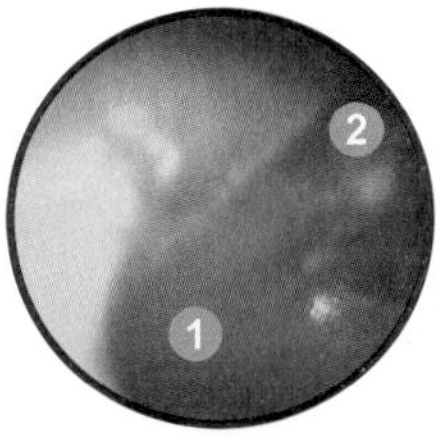

中耳炎耳膜

❶ 有中耳積液

❷ 耳膜紅腫

另外，有一些孩子長期中耳積水，會出現聽力障礙。如果有爸媽覺得說話時孩子常常沒聽到，需要一講再講、提高音量，不要只是怪孩子愛發呆，也要請醫師檢查一下耳朵有沒有問題哦！

中耳炎的治療與預防

兒童急性中耳炎常見的致病菌有肺炎鏈球菌、嗜血桿菌及卡他莫拉菌。但是自從二〇一五年嬰幼兒全面施打肺炎鏈球菌疫苗之後，肺炎鏈球菌引起的中耳炎也逐漸降低了。

中耳炎的治療，傳統上一向是建議完整的十至十四天抗生素療程，但近年來觀念有了一些改變。美國小兒科醫學會的治療準則建議：

❶ 小於二歲的孩子，建議直接使用抗生素。

❷ 二歲至五歲的孩子，可先觀察四十八至七十二小時，並使用止痛退燒藥物；如果症狀持續或惡化，再使用抗生素。

黃醫師無毒小祕方

中耳積水是因為洗澡時把水沖進耳朵嗎？

每次發現孩子有中耳積水時，這是父母最常見的反應。以耳朵結構來說，耳朵外面進水時會被耳膜擋住，除非耳膜有破洞，不然水是不會進到裡面的中耳、內耳的。即使沖到的水真的很髒，也只會引起外耳炎，不會引起中耳炎或中耳積水，爸媽請放心哦！

有一些中耳炎的孩子，過了急性期之後，即使已經不痛也沒有發燒了，還是長期存在著中耳積水的情況。若追蹤數個月仍未改善，可考慮進行耳膜切開術或中耳通氣管置放，以免影響聽力。

中耳炎要怎麼預防呢？我整理文獻上提到，確定有效的方法給爸媽參考：

★選擇每班人數較少的托嬰中心或幼兒園，感冒及中耳炎的風險較小。

★家中禁菸，父母若抽菸，會增加孩子中耳炎的風險。

★哺餵母奶至少三個月，預防中耳炎的保護力可達到寶寶一歲。

★餵奶時寶寶頭部要墊高，勿平躺喝奶。

★按時施打肺炎鏈球菌疫苗，若已有反覆中耳炎病史，建議六個月大後可自費追加一劑疫苗。

★每年施打流感疫苗，可以減低六個月大之後的中耳炎風險。

急性腸胃炎

前面有提到的大魔王「沙門氏桿菌腸胃炎」，當然不是每種腸胃炎都這麼嚴重，大部分的腸胃炎雖然會讓孩子不適，但只要適當補充水分和電解質，都可以快速復原。

引起人類胃腸炎最主要的是輪狀病毒、杯狀病毒（包括諾羅病毒及沙波病毒）、星狀病毒以及腸道腺病毒，其中又以前兩種病毒最為常見。

輪狀病毒引起的急性腸胃炎

輪狀病毒的外型，在電子顯微鏡下看起來就像是一個輪子，可再細分為A、B、C、D、E、F和G七型，其中以A型最容易對人類和動物致病。輪狀病毒的傳播主要是經由糞口傳染，常可見在兒童醫院或是托兒所中爆發群聚感染的情況。

輪狀病毒感染的潛伏期，一般少於四十八小時。一開始的症狀通常是輕、中度的發燒合併嘔吐，接著開始嚴重的水狀腹瀉，嘔吐及發燒在第一天逐漸好轉，但隨之而來的腹瀉，經常會持續五至七天。症狀嚴重的病人會發生脫水的症狀，特別是嬰幼兒。在診斷上可以檢測病人的糞便，準確度可達到九十％以上。

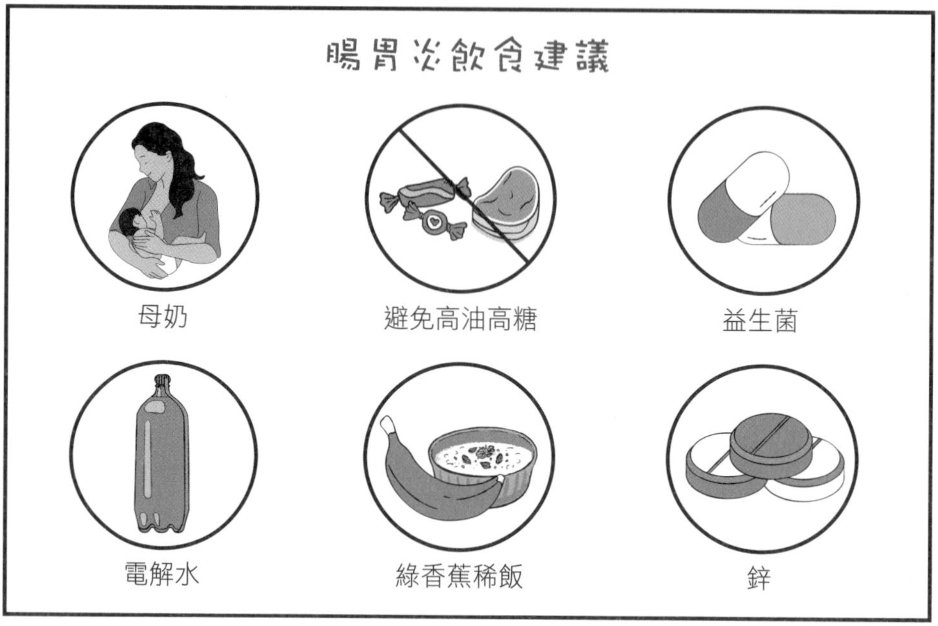

益生菌與鋅，可幫助緩解症狀

在治療方面，首要預防脫水，其次才是營養的補充。輕度到中度的脫水，如皮膚黏膜乾燥，尿量變少，可使用口服電解質液補充體液，但嚴重的脫水如意識不佳、少尿或無尿，甚至休克，就須立即到醫療院所打點滴。現在的口服電解質液內含適當的鈉離子及葡萄糖，可促進腸胃道對水分的吸收。有哺餵母乳的嬰幼兒可繼續哺餵，不需要因腹瀉而停止。原本哺餵配方奶的嬰幼兒，則由醫師依照症狀嚴重度及返診的方便性，決定是否更換為無乳糖配方奶。早期鼓吹所謂的BRAT飲食〔香蕉（Banana）、米飯（Rice）、蘋果（Apple）及白吐司（Toast）〕，但目前較新的建議已不再做嚴格的飲食限制，反而鼓勵持續均衡的飲食，只要避免高油、高糖食物即可。

目前研究顯示，使用抗病毒藥物、抗生素、止吐藥和止瀉藥對於治療疾病本身並沒有幫助，但益生菌如乳酸菌（Lactobacillus species）已被證實可有效的緩解症狀，鋅也被證實可改善腹瀉症狀和加速恢復速度。關於鋅的劑量，二至六個月大每天可補充十毫克，六個月以上每天可補充二十毫克。

病人的預後一般都非常良好，病癒可完全恢復無後遺症，極少數死亡的嬰幼兒，是因為脫水無法及時補充水分所導致。

要怎麼預防呢？勤洗手和適當地隔離病人可以減少被傳染的機會，但是及早給予嬰幼兒輪狀病毒的疫苗，是目前被認為最有效的預防方式。疫苗部分前面章節已有提到，這邊不再覆述。

諾羅病毒、星狀病毒引起的急性腸胃炎

諾羅病毒也是常見造成冬季胃腸炎的元凶之一，特別是較大的兒童和成人。在美國，大於九十%以上的非細菌性胃腸炎群聚感染，是由諾羅病毒所造成。感染的潛伏期平均是二十四小時，傳染力極強，只需極少的病毒就可傳染，常常是一人得很快就全家得，臨床症狀跟輪狀病毒類似，病人會有噁心、嘔吐、腹部絞痛和腹瀉症狀，通常噁心及嘔吐症狀較明顯，其他可能合併有頭痛、發燒、寒顫和肌肉痠痛等，它的病程比輪狀病毒短，大約一至三天。

黃醫師無毒小祕方

幫助腸胃炎恢復的香蕉飯

雖然目前的腸胃炎飲食建議已不再嚴格限制飲食，但有些食物還是對於腸胃炎的症狀改善有幫助，比如香蕉飯或稀飯。香蕉含有豐富的果膠（pectin），果膠在腸道中可增加糞便的黏稠度，藉以達到止瀉作用。

我依照文獻記載，加上自己實作，分享簡單的食譜流程：

- 備好綠香蕉及已煮好的粥。
- 將水煮開，丟入整根不剝皮的綠香蕉，汆燙十分鐘。
- 煮完後剝皮、切塊。
- 用攪拌棒或果汁機攪成泥狀。
- 加入預先準備好的稀飯，比例上約二至三碗粥用半根香蕉，五碗粥用一根香蕉。攪拌均勻，大功告成！

另外，星狀病毒主要感染的對象則為兒童，在輕度到中度兒童胃腸炎中約佔了二～十％，臨床症狀跟輪狀病毒也很相似，但是症狀較輕微。腸道腺病毒在兒童胃腸炎中約佔了二～十二％，病程比較長，經常會持續腹瀉十至十四天。

兒童罹患胃腸炎是很常見的問題，只要照顧的家屬和醫護人員有正確的了解，就不再是一個棘手的問題了。

吞食異物

六個月大至三歲之間，是孩子好奇心旺盛又好動的時期，也是很容易吞食異物的高峰期。以前在醫院時，偶爾會遇到因有孩子吞到異物，下班了被召回醫院做胃鏡夾異物，像是硬幣、玩具等都十分常見。還有其他醫師夾過大頭針、窗簾針等尖銳的異物，要是有個閃失，可能就刺破食道或胃了，夾的過程實在驚險萬分！

誤食電池、磁鐵、過大異物一定要盡快送醫！

父母一看到孩子吞進異物，第一時間一定緊張地往醫院衝。不過其實先不用太擔心，八十%的異物是可自行排出的，十～二十%需要醫師用內視鏡幫忙取出，只有不到一%的病人需要開刀取出。但發現孩子吞食異物，還是要請醫師先評估是否須緊急處理，比如疑似呼吸梗塞造成呼吸困難、消化道阻塞無法吞嚥或嘔吐腹痛等症狀。若無這些危險的症狀，醫師會依據異物種類、大小和在消化道的位置，決定後續要怎麼處理。

如果是會腐蝕消化道的物體（像鈕扣電池）或尖銳的東西，必須立刻處理，可能用胃鏡取出或是開刀取出。

黃醫師無毒小祕方

吞食腐蝕性液體怎麼辦？

當然是要盡速就醫！但是千萬記得，再急，也要把孩子誤食剩餘的罐子一起帶去，醫師才能快速辨識腐蝕物的性質，進行適當處置。送醫前要絕對禁食，千萬不可催吐、服用開水或牛奶，更不可以喝酸或鹼來中和，因為酸鹼中和會產生高溫，引起更嚴重的灼傷！

治療上，醫師會在二十四小時內進行第一次胃鏡檢查，依檢查結果進行後續治療：

- 第一度灼傷：可觀察二十四至四十八小時後出院。
- 第二度灼傷：住院兩週，使用抗生素、類固醇及制酸劑。
- 第三度灼傷：全靜脈營養，完全禁食，鼻胃管引流，使用抗生素、類固醇及制酸劑。

再來會看異物的大小，以幼兒來說大於三乘二公分，以兒童來說大於五乘二公分，通過腸胃道排出機會不高，就會安排做胃鏡取出；像五元硬幣直徑是二．二公分，要順利通過的機率就不高了。

異物若是在食道，可觀察二十四小時；在胃則可觀察追蹤三至四週的時間，如果都沒有移動的跡象，也要安排胃鏡取出。

比較特別的是磁鐵，如果只是一個還沒關係，但若是兩個，並且是分開的，在腸胃道會發生磁吸效應，造成腸胃道缺血壞死，要盡快安排胃鏡取出。

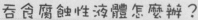

別用飲料罐裝腐蝕性液體

最可怕的吞食異物，就是吃到腐蝕性的液體。以前每到端午節，就有孩子誤食放在冰箱的鹼粽水，造成嚴重的食道灼

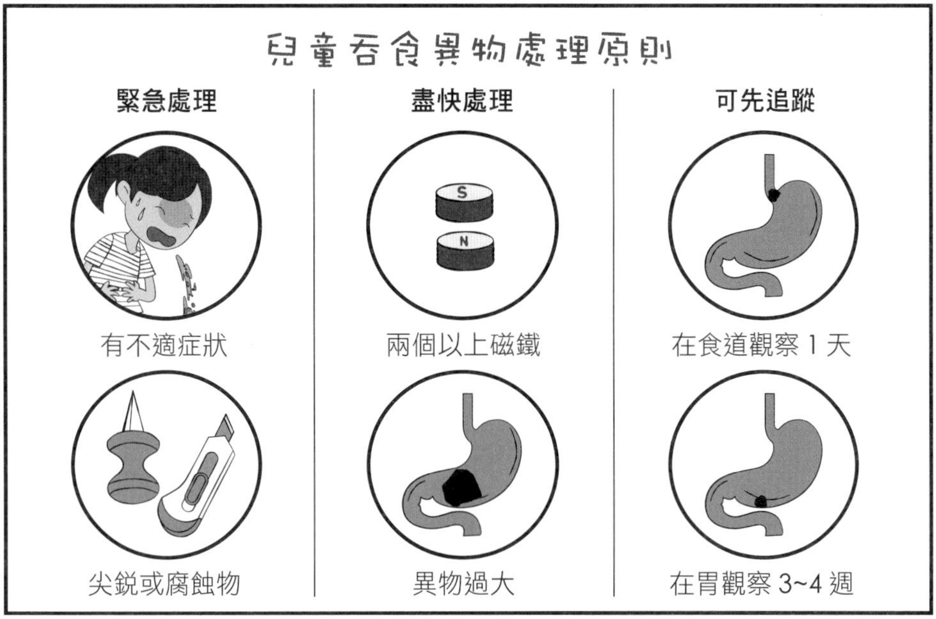

傷。鹼粽水、鹼粉的成分是強鹼性的碳酸鈉或氫氧化鈉，在製作鹼粽時，加到糯米中幫助澱粉糊化，就會變成我們看到鹼粽QQ彈牙的樣子。誤食鹼粽水，會造成口腔潰爛、吐血、胸部或腹部疼痛，以及嘔吐，呼吸困難，食道穿孔，長期則會食道狹窄、食道癌，造成一輩子的遺憾。

請爸媽們一定要注意，千萬不要用飲料罐來裝腐蝕性或有毒的液體，就算外面有寫，但放久了可能忘記或誤看（比如，鹼很容易看成鹹，而被當成鹽巴）！

除了鹼粽水，通樂也是常見誤食或自殺者的愛物，要非常小心。我印象很深刻，在當住院醫師時，一個十四、十五歲的少年，跟家人吵架後喝下通樂，在加護病房仍是一副倔強的表情。那時我心裡吶喊著：「孩子啊，你知道一時衝動，日後的人生要付出多少的代價嗎？」

過敏性鼻炎

「哈啾！哈啾！」許多孩子一早起來的問候語，不是「爸爸、媽媽早安」，而是一連串的打噴嚏和擤鼻涕。台灣的過敏性鼻炎盛行率非常高，在北部的孩子甚至高達五十％。難怪以前許多民俗療法，也打著專治鼻子過敏的口號在招攬病人，可見這是一個容易復發又難以根治的疾病。但時至今日，隨著許多優良藥物上市，過敏性鼻炎雖然仍無法根治，但只要依從醫師的診療，大部分的孩子都可以控制得很好了。

正視惱人的過敏性鼻炎

過敏性鼻炎的症狀大家應該都很熟悉，常常打噴嚏、流著清澈的鼻水，孩子常常也會眼睛癢、黑眼圈，皺著鼻頭和揉鼻子。輕微地過敏性鼻炎不至於造成太大的困擾，但是中、重度的過敏性鼻炎就會影響睡眠、常規作息和生活品質，甚至造成疲倦、睡眠不足、上課無法專心和情緒不穩等。曾經有研究發現，過敏的孩子若不治療，短期記憶、知識的學習應用都會明顯衰退。

過敏性鼻炎的症狀，可以從學齡前的幼兒時期就開始，若未好好控制，會一直持續到

過敏性鼻炎治療

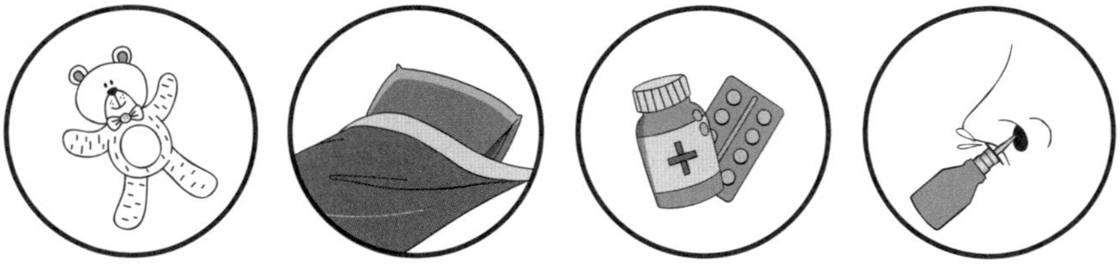

避免絨毛玩具及地毯　床單被套換洗高溫處理　長效抗組織胺　類固醇鼻噴劑

成年，老年時才改善。因此可見，過敏性鼻炎雖不致命，卻影響一個人一生中最黃金的時期。

過敏性鼻炎的孩子在照顧上真的要比較費心，有研究發現過敏性鼻炎的孩子不僅比較容易感冒，也較容易併發鼻竇炎和中耳炎。另外，由於常常鼻塞的關係，孩子會習慣張口呼吸，睡覺會打呼，比一般孩子更易發生睡眠呼吸中止症候群。

治療過敏性鼻炎的兩個方向

孩子的過敏性鼻炎治療，主要分為環境控制和藥物治療。

環境控制

過敏性鼻炎不是不能根治，只要

黃醫師無毒小祕方

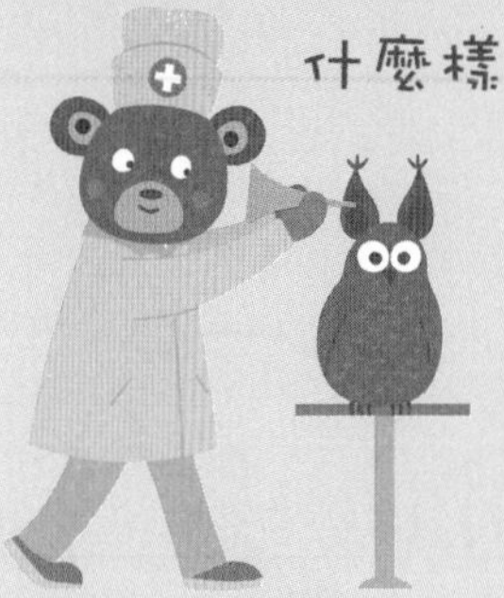

什麼樣的孩子容易罹患過敏性鼻炎？

目前發現最重要的幾個因素，是父母也有過敏性鼻炎、孩子本身就有氣喘或異位性皮膚炎，還有家中有較多的塵蟎。而家裡養毛小孩，到底會不會增加孩子過敏性鼻炎的機會呢？早期認為是會的，但是較近期的研究反而認為可減少過敏機率，所以過敏性鼻炎的孩子家裡適不適合養貓、狗等寵物，目前還是沒有定論哦！

將導致過敏的過敏原全部移除，就不會發生過敏性鼻炎的症狀。但是以台灣最常見的過敏原——塵蟎為例，要完全去除何其困難！台灣高溫、潮濕的環境，非常適合塵蟎生存，就算家中做好除蟎、防蟎，到學校和公共場所還是到處是塵蟎。不過，孩子待在家中的時間最長，還是得盡量減少孩子暴露在過敏原環境的時間，平常維護好環境清潔、避免接觸絨毛玩具和地毯、床單被套等每週換洗，並用五十五度C高溫浸泡或高溫烘乾、使用防塵蟎寢具等方式，就可減少居家塵蟎。

藥物治療

目前治療的主流是口服抗組織胺和類固醇鼻噴劑，兩者效果都不錯，看哪一種孩子配合度較好，好好配合治療才能長期使用。許多爸媽都很擔心類固醇鼻噴劑對孩子生長的影響，但目前研究尚未有定論，從有限的文獻來看，即使有影響也很少，爸媽不須太過擔心。

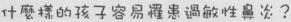

氣喘

「醫師，孩子咳得好厲害，他到底是感冒還是過敏啊？」每到秋冬時，小兒科門診往往會傳來此起彼落的咳嗽聲，這真是父母最常問的一句話。

臨床上，要區分兩個疾病並不是那麼容易，除了因為症狀類似外，還因為兩個疾病常常是一起來的，感冒時容易誘發過敏症狀，而過敏沒有控制好的患者也容易感冒。

所謂的過敏咳——氣喘

根據台灣健保資料庫統計二〇〇〇至二〇〇七年，二十歲以下兒童及青少年約有十五．七%曾被診斷為氣喘，其中有五%屬於嚴重氣喘，是兒科最常見的慢性疾病。會發生氣喘，是因為氣管反覆過敏發炎，支氣管肌肉不正常收縮、黏膜水腫或分泌過多黏液，導致氣管內徑縮小。

氣喘典型症狀包括反覆咳嗽、呼吸急促、喘鳴（呼吸時可聽到咻咻聲）及胸悶等，而這些症狀，常會在清晨及夜晚惡化，也就是夜咳會特別嚴重。另外也會受到一些特定因素影響而惡化，像是感冒、過敏原、天氣改變、二手菸等。但如果症狀嚴重時，患者也有可能整天出現症狀。值得注意的是，有的患者初期並不會有喘或咳嗽的症狀，而是以胸悶表現。

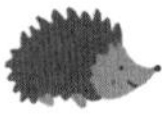

我的孩子是氣喘嗎？

標準的氣喘診斷必須做肺功能檢查，可是比較小的孩童無法配合檢查。因此，全球氣喘創議組織提出下面幾個症狀，回答「是」的越多，越有可能是氣喘。不過，前提還是要排除其他因素，像是黴漿菌感染也有可能會出現喘鳴聲、夜咳等現象。

1. □是 □否 出現過喘鳴聲（即兒童呼吸時可聽到咻咻的呼吸聲）？
2. □是 □否 孩子容易因為咳嗽、喘鳴聲、呼吸困難或感到吸不到空氣而半夜醒過來？
3. □是 □否 會因為咳嗽、喘鳴聲、呼吸困難或喘而須中止跑步或遊戲？
4. □是 □否 會因大笑、大哭、跟動物玩、聞到特殊味道或煙味時，而發生咳嗽、喘鳴聲、呼吸困難或喘？
5. □是 □否 有曾被診斷濕疹、對食物過敏？
6. □是 □否 家族中有人氣喘、花粉熱、食物過敏或特殊呼吸疾病？

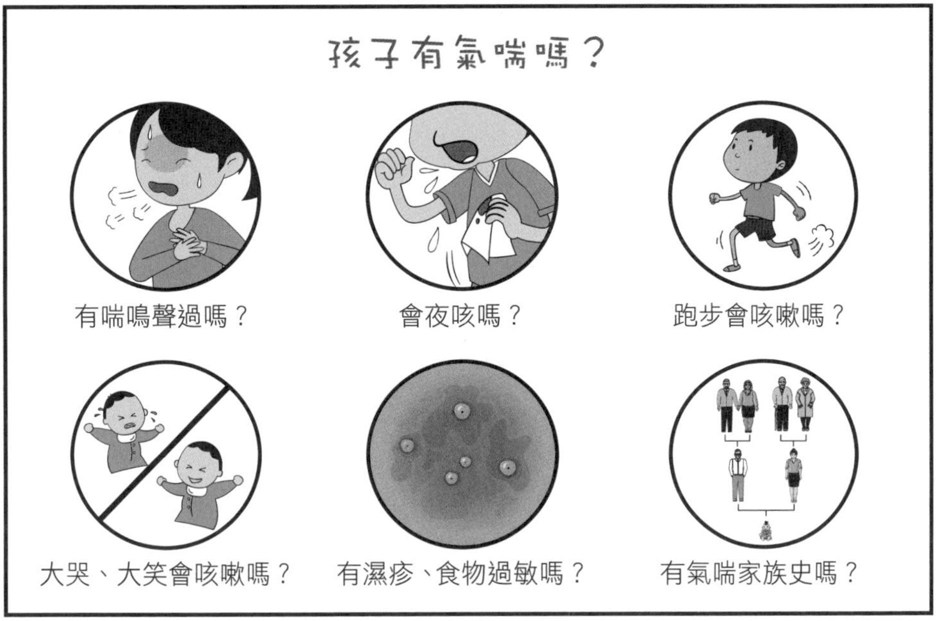
孩子有氣喘嗎？
有喘鳴聲過嗎？
會夜咳嗎？
跑步會咳嗽嗎？
大哭、大笑會咳嗽嗎？
有濕疹、食物過敏嗎？
有氣喘家族史嗎？

如何降低氣喘的環境因子？

氣喘其實算是一種環境病，好好地控制環境可大大減少和預防氣喘的發作，那我們可以怎麼做呢？

1. 降低室內濕度至五十%以下，可有效抑制塵蟎及黴菌繁殖，可選孩子不在房間的時候除濕，減少孩子因太乾而產生不適。
2. 減少暴露於二手菸環境中。
3. 使用防塵蟎寢具。
4. 不要使用地毯、厚窗簾布等。
5. 寢具每週使用五十五度C以上的熱水清洗，或烘乾機先烘十分鐘。
6. 使用空氣清淨機HEPA，可過濾空氣中飄浮的塵蟎、灰塵等。但須注意，空氣清淨機只能過濾空氣，存在於床上、窗簾地墊上的塵蟎一樣活跳跳的。

❼ 定期清洗冷氣濾網。

❽ 在清潔時及清潔後一小時，不要待在室內。

氣喘的藥物治療

氣喘的藥物非常多，大致上可以分為保養藥物和急救藥物。

保養藥物篇

★類固醇噴劑：就是吸入型類固醇，是目前治療兒童氣喘的重要藥物。因為是吸入型，主要作用於肺部，所以大大減少了口服類固醇的副作用，但使用時仍會有部分藥物沉積於口腔，容易引起鵝口瘡，所以使用後一定要記得漱口。至於家長最關心的吸入性類固醇對身高影響，二〇一三年有研究，發現若連續四到六年使用吸入性類固醇，到成人時，身高會比對照組少了一．二公分。但此研究使用舊型中劑量的 Budesonide（全身性吸收較高的噴劑），而且連續使用四到六年，但臨床上，我們常會依據病童狀況調整劑量，很少長期都使用這麼高的劑量。後續新一代噴劑（Fluticasone）劑量更低，研究也發現對身高的影響比 budesonide 更少，雖然目前資料有限。但這給我們一個方向，如果擔心對孩子身高有影響，可以優先考慮新一代藥物。

★白三烯素受體拮抗劑（欣流）：對於部分極度排斥戴上面罩及噴劑的兒童，白三烯素受體拮抗劑也是另一種選擇。它是口服藥，不含類固醇，每天晚上吃一次即可，一般兒童接受度比較高。但它也有缺點，並不是所有的孩子都反應良好，有些還是會換成或加上類固醇噴劑搭配使用。此外，有些孩子可能會出現頭痛、脾氣暴躁、情緒改變，若出現這樣的情形，請跟醫師討論，通常在停藥後就會改善。

★LABA 長效型支氣管擴張劑：是一種長效的氣管擴張劑，因為安全性的考量，要和類固醇合併使用，一般用於對中、低劑量類固醇噴劑反應不好的孩童。

急救藥物篇

★氣管擴張劑：有口服、吸入及塞劑。主要是在藉由藥物作用，讓氣管肌肉放鬆，就像將一條塞車的道路，拓展成較寬的馬路，這會讓患者很快覺得很舒服，是很好的急性期藥物。但只要藥效一過，就打回原形，因為發炎的根本原因並沒有解決。主要是治標不治本，在部分孩童身上可能出現心悸、手抖、睡不著等反應。至於常作為急救藥物的短效支氣管擴張劑噴劑，則因為長期使用會產生耐受性，越用越沒效，所以一般建議於急性期使用，不適合天天使用。

★口服或注射類固醇：不知道從何時開始，類固醇成了家長心中的毒蛇猛獸，一聽到就搖頭拒絕使用。類固醇在治療氣喘上很重要，能有效降低氣管的發炎反應，在適當劑量及使用不超過十四天，並不太會造成月亮臉、水牛肩及長不高等副作用。是因為早

黃醫師無毒小祕方

氣喘可以運動嗎？運動時更喘怎麼辦？

運動對於氣喘兒童的家長真是一個大難題，擔心運動完小朋友會喘不過氣，又聽說運動可以改善氣喘。動還是不動？讓人陷入兩難。其實，適度的運動對於氣喘控制是有幫助的，但運動之前要先注意：

- 平日就要好好控制氣喘，但急性發作時不適合運動。
- 運動前要先做好足夠的暖身。
- 運動盡量避開乾、冷環境，這兩種因素都有可能誘發氣喘發作，若無法避免，最好帶圍巾或口罩。也要注意運動環境周遭是否有無汙染物或過敏原，像是車水馬龍、充滿廢氣的大馬路邊，大概就不是個好選擇。
- 運動項目在孩子喜歡的前提下，盡量選可以間歇性休息的運動，像是游泳、排球、羽毛球、體操等。
- 如果在運動過程中，出現喘、持續咳嗽、胸悶等情形，應立即停止運動。
- 隨身攜帶急救藥物，通常是吸入型氣管擴張劑。有些孩童平日還好，一運動就喘，可以跟醫師討論，是否需要在運動前三十分鐘先吸氣管擴張劑。

期人們對它不了解，而產生了汙名化。在治療穩定後，醫師通常會調整藥物，有需要會轉成噴劑。

一日氣喘，就會終身氣喘嗎？爸媽請不用太悲觀，根據統計，大約四分之三的兒童氣喘，長大後會改善或不再發作。不過，青春期的氣喘則會有七十五%會持續到成人。其實只要平日好好控制，氣喘兒童也可以跟一般兒童過得一樣輕鬆自在哦！

異位性皮膚炎

「吃這個也癢，吃那個也癢！」真的很常看到孩子在門診抓抓抓，雖然爸媽常問會不會是吃東西引起的，但其實孩子皮膚癢和飲食有關的機率並不高。在台灣，讓孩子長期皮膚搔癢就醫最常見的原因之一，莫過於異位性皮膚炎。

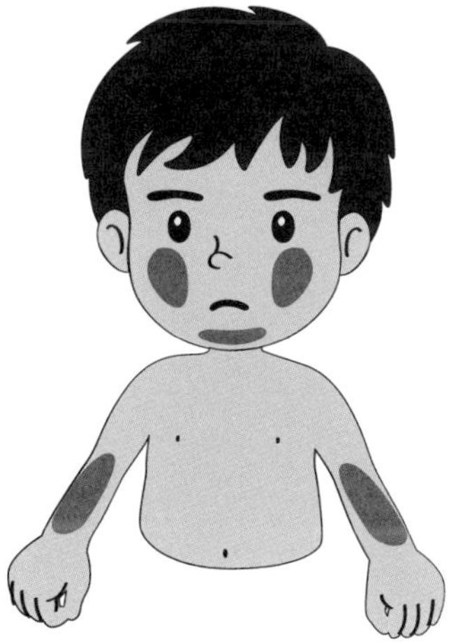

異位性皮膚炎的原因與症狀

異位性皮膚炎大約佔小兒人口三～五％，其中六十％會在一歲前發病，大部分和遺傳有相關。異位性皮膚炎患者的皮膚就像比較脆弱的磚牆，磚頭間的水泥又不夠（遺傳因素），外面又三不五時鑿壁刺激摩擦（外在刺激），結果就就容易漏風、漏水了（皮膚發炎），外面的蚊蟲也有機會入侵（感染）。

異位性皮膚炎的主要症狀，是會反覆造成皮膚乾、癢、紅，在不同時期也會出現在不同部位，在嬰兒期，大部分是在頭皮及臉部，特別是兩頰、下巴及前額；兒童期，大部

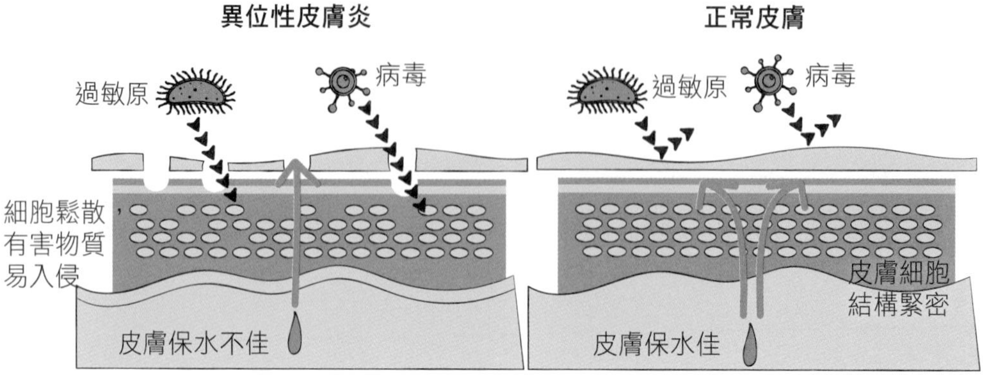

分在手肘、膝窩、頸部及眼周圍。急性期會出現皮膚發紅、脫屑，長期抓搔刺激後，皮膚就會開始顏色變深，也變厚及粗糙。

也許有的家長覺得只是皮膚癢，讓孩子抓一抓就好了，但其實異位性皮膚炎所帶來的搔癢感，常會讓孩子不舒服，半夜睡不好，外觀受影響，白天精神也受影響。厲害時會因為抓出傷口，而有可能併發蜂窩性組織炎。

此外，異位性皮膚炎常被視為「過敏三部曲」的首部曲，約有一半會合併其他過敏性疾病，像是過敏性鼻炎或氣喘，所以真的不要小看異位性皮膚炎。

如何治療異位性皮膚炎

異位性皮膚炎的治療有三個重點：改善乾燥、減少癢感、治療發炎。

改善乾燥

★盡量用清水洗澡即可，除非有特別髒汙，再用低敏性

異位性皮膚炎治療三部曲

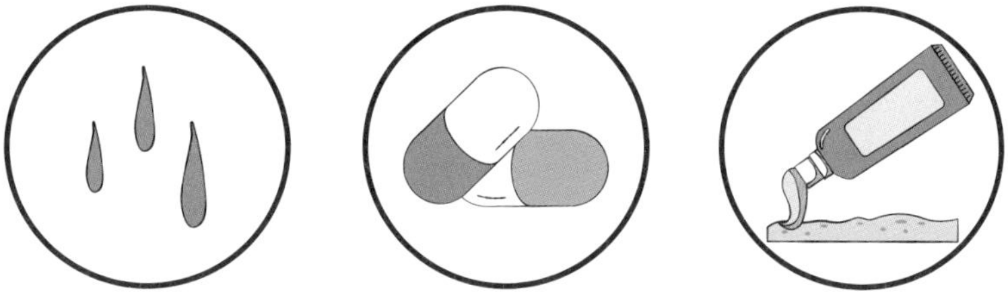

改善乾燥及保濕　止癢不搔抓　治療發炎

無香精清潔劑，千萬不要覺得小朋友皮膚粗粗的，就使用任何去角質產品或用力刷洗，會造成皮膚惡化。

★溫水洗澡，水溫大約三十度上下，洗澡時間不宜太久，五至十分鐘即可。

★洗完澡，幫孩子輕微拍乾，不要過度摩擦。如果有藥物或保濕產品，也趕快在此時使用，先用藥物，隔十五至三十分鐘再擦保濕劑。

★使用保濕劑可以有效降低發作頻率，減少藥物使用，每天一個小動作，對孩子的幫助卻很大。要用哪種保濕劑呢？盡量選無香精、異位性皮膚炎專用為佳，很多大廠牌都有出相關產品。一般夏天容易流汗，可以選擇乳液（lotion），而冬天或比較乾燥時，可以選擇用乳霜（cream）。而油膏（ointment）雖然保濕效果最好，但也較易造成皮膚悶熱刺激，所以少用於大面積塗抹。

★貼身衣物要選擇純棉材質，清潔時，要選用沒有香精的洗衣精，不建議使用衣物柔軟精。洗衣機也記得要定期清洗、消毒。

減少癢感

★皮膚通常是越抓越癢，在抓的過程中，可能會產生傷口，產生感染。所以要幫孩子將指甲剪短，必要時可戴上棉質手套睡覺。

★濕敷療法通常是用於中、重度的病人，會增加藥物吸收，但藥物也不是吸收越多越好，所以使用之前要先跟醫師討論。在洗完澡後，先塗上藥物和保濕劑，將布料（有專用束套或以紗布取代）泡於溫水中，稍微擰乾直到不再滴水，敷在病灶上，外面套上乾的純棉睡衣或襪子，保持房間溫暖，中間記得檢查，如果布料乾了，可噴上一些水保持濕潤。濕敷的頻率跟時間，請跟醫師討論。

★若已嚴重到影響睡眠，可跟醫師討論是否需要服用抗組織胺。雖然抗組織胺對於異位性皮膚炎的止癢效果有限，但可幫助孩子入睡，減少抓搔。

治療發炎

★局部類固醇藥膏：可有效改善皮膚發炎症狀，目前還是最常使用的藥物。根據病灶部位不同，會使用不同強度的類固醇，兒童一般使用中、弱效居多。通常在發作時一天使用兩次，當皮膚不再紅癢，就可跟醫師討論是否可以減藥，但皮膚保養的工作，依然是每天必須的。藥膏也不是越厚越好，一般一個手指節長度的藥膏，大約可以擦兩個手掌大的面積。

★非類固醇藥膏：如普特皮或醫立妥。普特皮建議使用於二歲以上、醫立妥則建議使用於三個月大以上的孩子，副作用為可能會有局部灼熱感，通常是用於第二線藥物。

★抗生素藥物：如果有合併局部細菌或病毒感染時，會考慮使用。

★漂白水浴：異位性皮膚炎的患者身上比較容易有金黃色葡萄球菌等壞菌，所以較嚴重的患者，可以在醫師指示下適度使用漂白水浴，泡製方法是使用濃度五％的次氯酸鈉漂白水，以 1:1000 的比例加水稀釋，一週泡兩次，每次十分鐘，如果改善，可以減少次數。泡製時要注意通風，泡澡時，如果有皮膚有不舒服的感覺，建議暫停使用。

★益生菌：目前實證醫學資料尚不足。

雖然有異位性皮膚炎，但家長也不要太灰心，有四十～七十％的孩子在六至七歲時，皮膚的狀況就會獲得緩解。那麼，我家的孩子是不是會好的那一半呢？目前有研究提出一些參考指標，越多個，預後就越不好：

1. 嬰兒時期（二歲以前）有異位性皮膚炎的孩子。

黃醫師無毒小祕方

過敏要驗過敏原嗎？

我們的確發現，異位性皮膚炎的孩子在抽血檢驗時，常會有呈現對某些食物過敏，但其實真的有意義的其實大約只有三分之一。與其相信不一定符合真實的抽血報告，不如好好觀察孩子日常生活中，是不是真的因為吃特定食物而讓皮膚惡化，比較實在。想預防惡化，請遵照前面的所說的保養原則：

- 四至六個月開始吃副食品，慢慢刺激，讓身體的免疫適應。
- 避免遇到過敏原，比較常見的包括塵蟎、香精、過熱過冷、賀爾蒙、蚊蟲叮咬、香菸、羊毛或人工纖維、寵物皮屑……等。

2. 症狀嚴重。
3. 合併對食物（特別是小麥、黃豆）過敏。
4. 血中E型免疫球蛋白總數高（IgE）。
5. 超過二位家族成員有異位性皮膚炎。
6. 合併氣喘。

新過敏預防建議

過敏是病嗎？過敏不是病嗎？如果有經過醫師確診，過敏就是一種疾病了，臨床上我們可以把過敏性疾病分為三類：異位性皮膚炎、氣喘及過敏性鼻炎。在台灣，過敏性疾病非常常見，異位性皮膚炎盛行率高達八～二十%，氣喘也高達十～十五%。

過敏是可以預防的嗎？

大家都知道過敏是因為本身體質的關係，精確地應該說是個人基因，再加上環境的因素誘發而造成。個人體質無法改變，但若可控制環境的因素，是否能預防發病呢？許多研究顯示，環境因素若控制得當，可減少罹患過敏性疾病的機率！

關於兒童過敏的預防，在二〇〇八年美國兒科醫學會即針對「嬰幼兒早期的飲食是否可預防過敏性疾病」，發表了一篇研究報告。但十年過去了，有更多新的證據和觀念已大不相同，所以在二〇一九年又做了更新。我們將新、舊版的建議，分別整理成「預防過敏的有效方式」和「預防過敏的無效方式」如下。

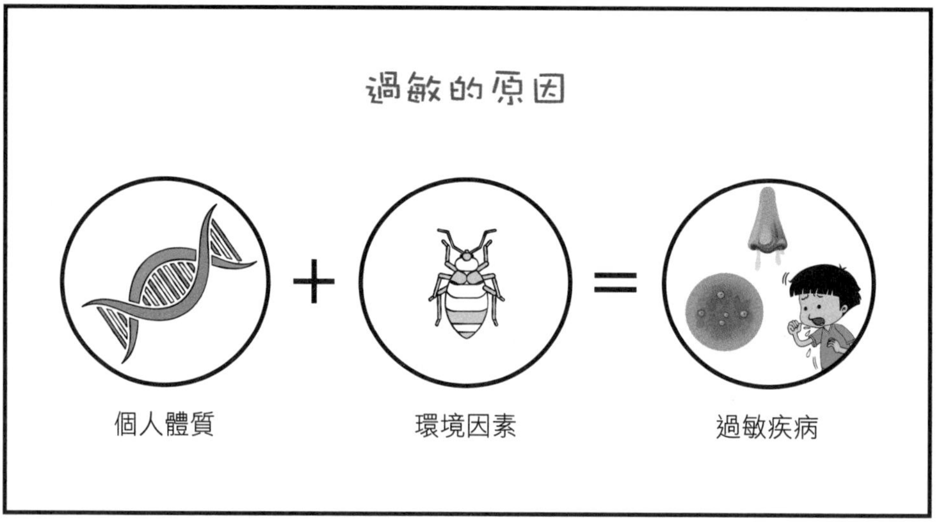

預防過敏的有效方式

★任何哺餵母乳方式（純母乳或混餵），對預防二歲以內的喘鳴均有幫助。有研究顯示，若母乳哺餵期大於三至六個月以上，不管是純母乳或混餵，預防氣喘效果甚至持續到三至六歲。

★純母乳哺餵三至四個月，可減少二歲內異位性皮膚炎的機率。

★對於花生過敏的高風險族群，早期（四至六個月大）添加花生於副食品中，可以減少之後花生過敏的機率。

★純母乳哺餵三至四個月與超過六個月比較，兩組對於預防寶寶過敏疾病沒有差別。

預防過敏的無效方式

★媽媽在懷孕及哺乳期的飲食限制，對於預防寶寶過敏疾病沒有幫助。

★延後到四至六個月後再添加易過敏食物，如花

黃醫師無毒小祕方

早期吃蛋，可以降低對蛋過敏的機率嗎？

雖然早點吃花生可以減低花生過敏的機率，但是台灣和美國不同，台灣有花生過敏的人實在太少啦，所以可惜這個結論對台灣人的過敏幫助不大。台灣有蛋過敏的人還比較多，但是早期吃蛋對預防蛋過敏的效果，目前還不明。

生、蛋及魚等，對預防過敏疾病沒有幫助。早期的觀念建議把易過敏的食物延至一歲之後，但新的研究已推翻這樣的說法，現在認為早點吃也不會增加過敏哦！

★沒有證據顯示部分水解或完全水解配方奶，可預防幼兒及兒童的過敏性疾病。以前認為高風險過敏的寶寶使用水解配方奶，可減少異位性皮膚炎的發生，但新版的報告不支持這樣的說法。

★母乳哺餵對預防特定的食物過敏沒有幫助。哺餵母乳可減少過敏性疾病，但是無法減少對於花生、海鮮或某些水果等特定食物的過敏。

最後，我加入一些個人意見，總結為較可實際運用在照顧孩子上的建議：

1. 在懷孕和哺乳期，媽媽一般並不需要限制飲食。
2. 預防異位性皮膚炎及氣喘，建議純母乳哺餵三至四個月，之後混餵或純母乳皆可，但盡量超過六個月。
3. 寶寶四至六個月起，即可逐步開始添加各種副食品，易過敏的食材不用特別延遲。

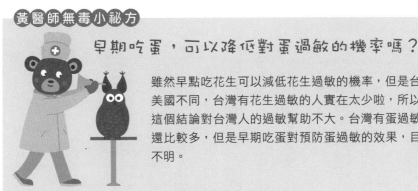

舌、唇繫帶

知名耳鼻喉期刊曾發表文章，探討美國剪舌繫帶、唇繫帶的嬰幼兒逐年增加，是否有其必要。研究者聘請專家，詳細檢查被轉診到醫院、準備剪舌繫帶和唇繫帶的孩子，發現有六十%其實是不需要挨這一刀的。

唇繫帶是連接上唇和牙齦中的結締組織，有的孩子唇繫帶較長，延伸到門牙中間（如P.239右圖），父母擔心讓門牙縫合不起來，以後有個縫不好看；也有人相信面相，認為這樣會漏財。在健康照顧上，刷牙時可能會刷到唇繫帶，擔心孩子會痛或受傷；也有人提到親餵母乳時可能會疼痛，或影響嬰兒吸吮。

唇繫帶需要剪嗎？

那麼，真的需要剪唇繫帶嗎？目前建議不用，有下面幾個原因。乳牙有縫是正常的，以後換牙才有空間，要是牙齒沒有縫，以後才容易有問題；且唇繫帶並非一直都不變，大部分隨著年紀增長，會慢慢縮回去，所以「等待就是最好的治療」。另外目前也沒有證據顯示，唇繫帶過長會影響親餵母乳。

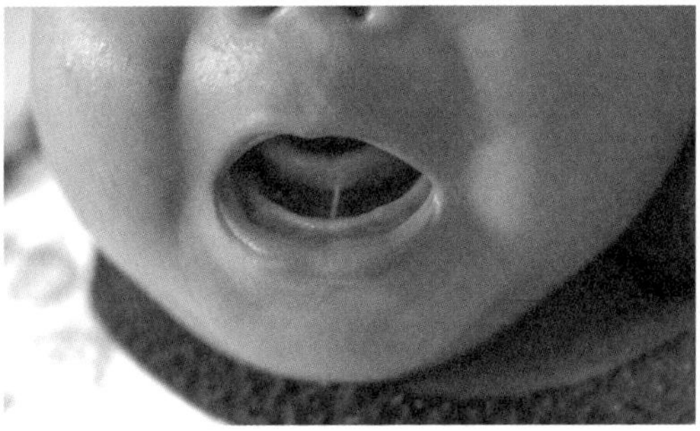
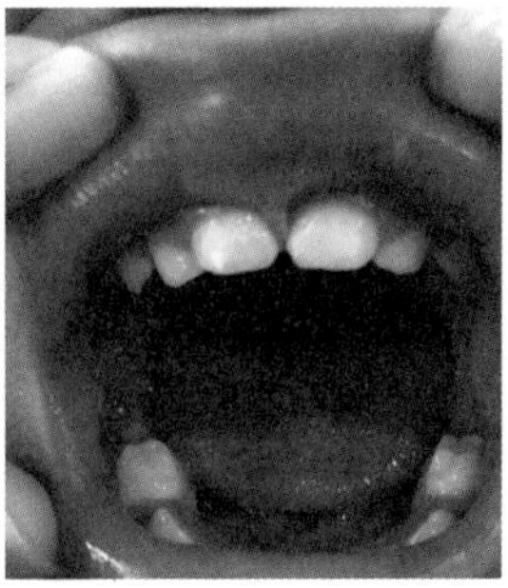

舌繫帶需要剪嗎？

舌繫帶是什麼？它是連接舌頭和口腔底部的結締組織（如左上圖）。為什麼父母會想剪舌繫帶呢？有的孩子舌繫帶太短或太緊，父母擔心以後會大舌頭、口齒不清；還有的在親餵母乳時影響嬰兒吸吮，或造成媽媽乳頭疼痛。

在幾十年前，非常流行剪舌繫帶，很多老一輩的小兒科醫師（大約是我師長輩）也都具備剪舌繫帶的技能。其實一直沒有比較嚴謹和強烈的證據，指引醫師們到底該不該剪；因為舌繫帶會隨著年齡增加慢慢變長，小時候緊不代表以後也是緊，無法由嬰兒時期的舌繫帶狀況，預估以後發音說話有沒有問題。目前的共識是偏向保守作法，除非醫師評估會影響親餵、造成媽媽哺乳疼痛，或是孩子真的很緊（如舌頭伸不出下牙齦，或舌頭伸出呈現花瓣狀），可考慮剪舌繫帶。

另外的考量，是在嬰幼兒時期剪舌繫帶的好處，只須在門診快速一剪，不用麻醉，出血量也少，只要用紗布壓迫個幾分鐘就好；但等到學齡期才剪，就需要全身麻醉才能進行，並承擔麻醉的風險了。

黃醫師無毒小祕方

Hazel baker's 評分系統

鑒於要不要剪舌繫帶造成許多醫師和家長的困擾，有學者發表了一個 Hazel baker's 評分系統，提供給醫師評估時參考。評分分為外觀和功能兩部分，當外觀的總分小於十一分，功能的總分小於八分，就可以考慮剪舌繫帶，茲翻譯如下表：

<table>
<tr><td rowspan="4">舌頭外觀</td><td>舌頭伸出時的形狀</td><td>舌繫帶彈性</td><td>舌頭往上時舌繫帶長度</td></tr>
<tr><td>2 分：圓形或方形
1 分：舌尖輕微分叉
0 分：成心型或 V 型</td><td>2 分：非常有彈性
1 分：中等彈性
0 分：輕微或無彈性</td><td>2 分：大於 1 公分
1 分：等於 1 公分
0 分：小於 1 公分</td></tr>
<tr><td>舌繫帶與舌頭連接的位置</td><td>舌繫帶與下顎連接的位置</td><td></td></tr>
<tr><td>2 分：位於舌頭後部
1 分：位於舌尖
0 分：超過舌尖，形成缺口</td><td>2 分：位於口腔底部
1 分：位於下牙齦後端
0 分：位於下牙齦</td><td></td></tr>
<tr><td rowspan="4">舌頭功能</td><td>舌頭往側向時</td><td>舌頭往上時</td><td>舌頭往下時</td></tr>
<tr><td>2 分：可以完全側向
1 分：舌頭後部可以側向，舌尖不能
0 分：舌頭完全無法側向</td><td>2 分：可舔超過上唇上緣
1 分：只能舔到上唇邊緣
0 分：只能舔到牙齦</td><td>2 分：可以超過下唇
1 分：只能超過下牙齦
0 分：無法超過下牙齦</td></tr>
<tr><td>前半部舌頭可伸展的範圍</td><td>舌頭形成杯狀
（兩側往內捲）</td><td>舌頭前後蠕動</td></tr>
<tr><td>2 分：可完全伸展
1 分：中等或部分伸展
0 分：輕微或無法伸展</td><td>2 分：完整扎實的杯狀
1 分：只有兩側邊緣可以捲起
0 分：無法捲起形成杯狀</td><td>2 分：前往後或後往前都可完整蠕動
1 分：只有部分，只有後往前蠕動
0 分：無法蠕動</td></tr>
</table>

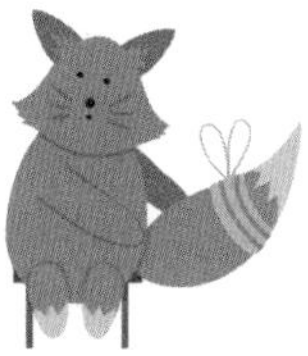

○型腿、×型腿

孩子最常見的腿型異常，非○型腿莫屬了，另外×型腿也相當常見。這兩種腿型在孩子發育的過程中是息息相關的，我們就一起來討論。

○型腿和×型腿大部份是正常的

在門診諮詢的孩子，其實大部分的○型腿和×型腿是正常的，為什麼這麼說呢？因為胎兒在媽媽子宮裡發育時，因為空間有限，隨著胎兒越來越大，在懷孕後期到剛出生這個階段，腳都會呈現膝內翻（○型腿）的姿勢，大家可以想像自己如果被裝在一個袋子裡，是不是會把腿盤起來，呈現讓膝蓋開開的○型腿姿勢呢？老一輩的人會把這種現象叫做「壓胎」現象。這個姿勢會一直持續至二歲左右，隨著孩子站立和走路越來越穩定，逐漸恢復成正常直立的角度。但是在二至四歲時，有的孩子會過度矯正形成膝外翻（×型腿），四至六歲之間才慢慢又變成正常直立的姿勢。○型腿↓直腿↓×型腿↓直腿，這個來來回回的過程中，我們把它叫做「鐘擺現象」，是孩子腿部發育的正常生理過程，大部分是正常的，請爸媽們不用太擔心。

〇型腿和 X 型腿的就醫時機

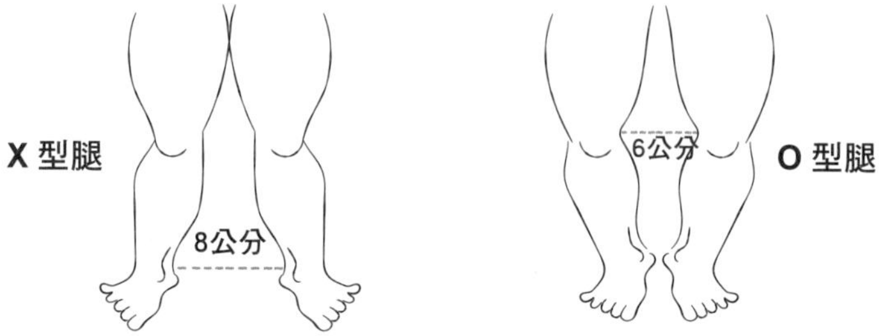

- X 型兩腳踝距離大於 8 公分
- 大於 6 歲 X 型腿還很明顯
- 比同齡孩子特別矮小

- O 型腿兩膝距離大於 6 公分
- 大於 2 歲 O 型腿還很明顯
- 只有一隻腳膝內翻或外翻

什麼時候應該就醫？

那到底怎樣才是不正常呢？其實只要記住兩個數字「二」和「六」：

★〇型腿：一歲半之前有〇型腿都是正常的，超過二歲還有〇型腿就不正常了。

★×型腿：二至四歲有×型腿是正常的，超過六歲還有就不正常了。

以上是一般的通則，偶爾還是會有例外的狀況，要怎麼判斷呢？除了請教小兒科醫師之外，還有一些徵兆可以幫助爸媽判斷，當〇型腿或×型腿有合併下列的症狀，就要就醫進行進一步評估：

❶ 內翻或外翻的角度特別大，造成〇型腿的兩膝之間距離大於六公分，或×型腿兩腳踝之間距離大於八

公分。

❷ 只有一邊膝內翻或膝外翻，另一隻腳正常。

❸ 大於二歲，○型腿還是很明顯。

❹ 大於六歲，X型腿還是很明顯。

❺ 比起同齡孩子特別矮小。

在檢查和治療方面，如果孩子超過二歲，○型腿還是很明顯怎麼辦？骨科醫師會先安排檢查，排除一些特別的骨生長疾病，如佝僂病（維生素D不足）或骨腫瘤等等。那如果孩子超過六歲，X型腿還是很明顯怎麼辦？大部分骨科醫師會評估惡化或恢復的情況，追蹤若還是沒有明顯進步，就會考慮做生長板調控手術，來抑制內側的生長板，讓內側骨頭生長較外側骨頭慢，以達到兩側生長均衡的正常狀態。

黃醫師無毒小祕方

孩子可以跪坐或W型坐嗎？

在一至三歲之間，常可見到孩子喜歡跪坐，跪久了兩隻小腿越往外擴變成W型坐。早期有醫師覺得這樣會使讓髖關節內旋，使孩子X型腿惡化。但後來發現這樣的坐姿大都會隨著年齡增長而慢慢減少，不見得和X型腿有關。不過W型的坐姿會讓關節穩穩地卡住，孩子可以很輕鬆地坐著、不需要用力，進而減少孩子活動的機會，所以並不建議讓孩子長期維持W型的坐姿。

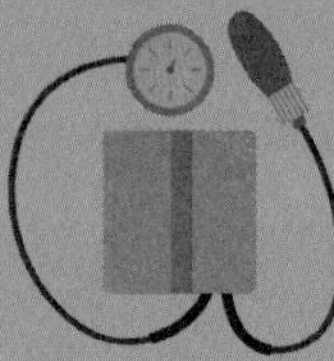

鼻水藥

我自己從小也是個過敏兒童，印象在幼兒園到國小時，一天到晚鼻塞、流鼻水，睡也睡不好。但在一般人的觀念裡，覺得鼻子過敏不是病，不需要看醫生或吃藥，讓鼻水、鼻塞的症狀困擾了我的童年，大大影響了生活品質。其實鼻水、鼻塞有許多的藥物可以治療，在醫師指導之下適當地使用，不但可以改善鼻子的症狀，副作用也很少。

常見的鼻水藥水

兒童最常用的鼻水藥水有下面兩種，讓我們來了解一下有什麼不同，分別有什麼副作用，以及如何避免副作用。

兒童鼻水藥水比較

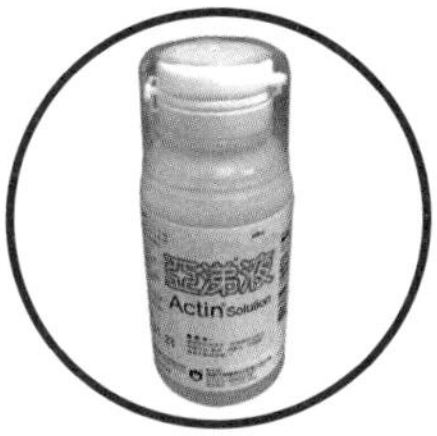

鼻福／亞涕液

- 複方：抗組織胺 + 黏膜血管收縮劑
- 療效：減緩鼻水及鼻塞
- 常見副作用：嗜睡、亢奮
- 注意事項：青光眼不適用

希普利敏

- 單方：短效抗組織胺
- 療效：減緩皮膚癢、鼻水
- 常見副作用：嗜睡、食慾增加
- 注意事項：青光眼不適用

希普利敏

希普利敏內含一種第一代抗組織胺的藥水，可緩解皮膚搔癢、過敏性鼻炎及感冒引起的鼻涕。常見的副作用有口乾、嗜睡、食慾增加。

鼻福或亞涕液

鼻福或亞涕液是複方，內含第一代抗組織胺及黏膜血管收縮劑的藥水，可以緩解過敏性鼻炎相關症狀，如鼻塞、流鼻水、打噴嚏、眼睛及喉部搔癢。常見的副作用有口乾、嗜睡、亢奮。

兩者都是第一代抗組織胺，都可能會有嗜睡的副作用，所以有吃這兩種藥水的孩子，父母要特別注意安全，吃藥期間避免騎車、游泳等，有潛在危險性的運動。

希普利敏另外還有促進食慾的作用，所以對食慾不佳合併體重過輕的孩子，有時醫師會短期使用，幫助孩子增加食慾。

亞涕液除了可能會嗜睡，更可能發生亢奮，因為除了抗組織胺之外，它含有黏膜血管收縮劑成分，有擬交感神經的作用，讓人感覺很 HIGH，所以要避免在睡前服用。至於何時嗜睡，何時亢奮呢？以我個人經驗來說，越小的孩子亢奮的副作用越明顯，大一點的孩子則以嗜睡為主。但也有病人以前吃鼻福或亞涕液會亢奮，後來反而變成嗜睡。

咳嗽藥水

俗話說：「醫生怕治嗽，土水怕抓漏！」雖然咳嗽只算是很輕微的症狀，但這個常見的症頭，真的考倒了很多醫師。

認識常見的咳嗽藥水

小兒科門診因為咳嗽來就診的，就算沒有第一名也是第二名，但偶爾真的會遇到一些久咳難癒的孩子。相信很多人家裡都有一堆咳嗽藥水，但爸媽都了解每一種藥水的藥效和副作用嗎？下面我們介紹六種常用的咳嗽藥水。

息咳寧

息咳寧是複方，藥水內含三種成分，包括了止咳嗽和解鼻塞的黏膜血管收縮劑 Methylephedrine HCL、解過敏和鼻水的抗組織胺 Chlorpheniramine maleate、化痰的 Glyceryl Guaiacolate。所以息咳寧主要用來緩解感冒引起的流鼻水、鼻塞、打噴嚏、咳嗽和咯痰等症狀。也因為含有抗組織胺和黏膜血管收縮劑，副作用可能會口乾、嗜睡或亢奮躁動，因此服藥期間要避免進行騎車、游泳等有潛在危險性的活動。

一注意事項一 青光眼患者須醫師指示才可謹慎使用，服藥可能會讓青光眼的症狀惡化。因為藥水含有阿斯巴甜，苯酮尿症的孩子禁止使用。

咳酚

咳酚內含一種化痰作用成分 Guaifenesin 的藥水，可減少痰液的黏度和濃稠度，讓病人較輕易地將膿痰咳出。可能的副作用有暈眩、思睡、噁心、嘔吐和胃痛，但在我的經驗上，因為服用咳酚而發生副作用的比例並不多。

一注意事項一 因為藥水本身含有阿斯巴甜，苯酮尿症的孩子禁止使用。

優喉

優喉內含一種鎮咳作用成分 Dimemorfan 的藥水，可直接作用於腦部的咳嗽中樞，抑制咳嗽症狀，對於上呼道感染、急性氣管炎或肺炎引起的咳嗽都有效果。可能的副作用有暈眩、嗜睡、頭痛、噁心或嘔吐等，但因服用優喉而發生副作用症狀的比例並不多。

息咳液

息咳液藥水是含有 Dextromethorphan 止咳成分、Guaiacol glycolate 和 Ipecac

咳嗽化痰藥水比較

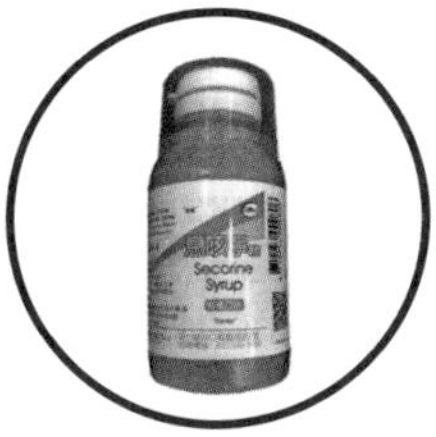

息咳寧

- 主要效用：止咳、解鼻塞、止鼻水
- 副作用：口乾、嗜睡或亢奮

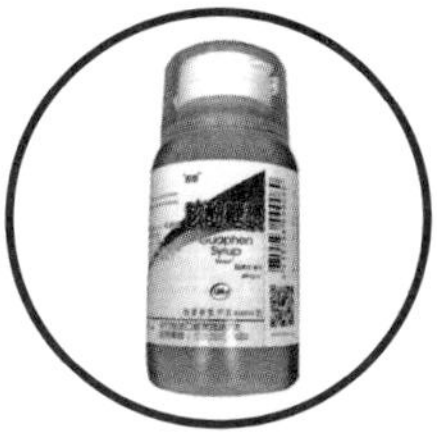

咳酚

- 主要效用：化痰
- 副作用（少見）：暈眩、嗜睡、噁心、嘔吐和胃痛

優喉

- 主要效用：止咳
- 副作用（少見）：暈眩、嗜睡、頭痛、噁心或嘔吐

息咳液

- 主要效用：止咳、化痰
- 副作用：少數可能意識改變或產生幻覺

必達米瑞液

- 主要效用：止咳
- 副作用：噁心、皮疹、腹瀉和暈眩

愛克痰

- 主要效用：化痰
- 副作用：偶爾有噁心、嘔吐、食慾不振、輕微硫磺味

fluidextract 化痰成分的複方藥水。Dextromethorphan 使用非常廣泛，一樣會作用於腦部的咳嗽中樞，抑制咳嗽反射。副作用方面，Dextromethorphan 曾有報告提到可能引起兒童意識變化或幻覺，雖然少見，但服用時請爸媽仍須注意孩子是否有相關症狀。

必達米瑞液

必達米瑞液的主成分是 Butamirate Citrate，具有止咳和改善呼吸道阻力的作用。可能的副作用有噁心、皮疹、腹瀉和暈眩等症狀，發生副作用的機率約一％。

愛克痰

愛克痰是孩子少數會喜歡吃的藥粉之一，因為外包裝是一隻小鳥，又是甜甜的橘子口味，孩子常暱稱叫做小鳥橘子粉。主要成分是 Acetylcysteine，可幫助痰液分解，讓痰變比較稀容易咳出。在副作用方面，會造成支氣管分泌物增加，須注意如有咳痰困難的狀況，如臥床、氣喘及咳痰力量不佳者（如老人），應小心使用，必要時須用機械式抽吸痰液。偶有噁心、嘔吐、食慾不振、輕微硫磺味等不悅感。

口腔噴劑

腸病毒最惱人的症狀之一就是咽峽炎造成的口腔潰瘍，讓孩子痛到無法進食，這時候很多醫師或爸媽就會使用噴劑來幫病人噴一下喉嚨。一般醫師常使用的喉嚨噴劑有兩種，一種含苯基達明（Benzydamine）消炎止痛噴劑，另一種就是診所常用的口腔優碘（Povidone-iodine）噴劑。

苯基達明（蘋果或草莓口味）

苯基達明是一種止痛消炎藥，噴在口腔會產生暫時的局部麻醉作用，可舒緩咽喉發炎及口腔手術後的疼痛，但沒有消毒殺菌的作用。

◆使用方式

於疼痛紅腫部位噴四下後，緩慢吞服，三小時後可重複使用（建議於飯前十五至三十分鐘使用，以減少進食誘發的疼痛）。

一注意事項一小於六歲請諮詢醫師後再使用。有的產品含有薄荷，二歲以下孩子不建議使用。一開始味道好吃，但後來辣辣的，有的孩子不喜歡。

兒童口腔噴劑比較

克伏寧（苯基達明）

- 一種止痛消炎藥
- 腸病毒、口腔潰瘍傷口止痛
- 蘋果或草莓口味
- 飯前使用效果較好
- 小於 6 歲請先諮詢醫師

必達定（口腔優碘）

- 一種消毒殺菌劑
- 口腔傷口或手術後消毒殺菌
- 有點苦、不好吃
- 飯前飯後都可使用
- 小於 6 歲禁止使用

口腔優碘噴劑（難以言喻的味道，總之不好吃）

口腔優碘是很有效的消毒殺菌劑，適用於牙科與口腔手術與之後的口腔衛生維護，但無止痛作用，就算有，也是因為賦形劑中含有薄荷，有些舒緩疼痛的效果。

◆建議劑量

噴液二至三下於疼痛及發炎的部位，每三至四小時重複一次。

一注意事項一六歲以下禁止使用。

一般感冒喉嚨痛，還是要用含有苯基達明噴劑才能消炎止痛，口腔優碘主要是用來傷口的消毒殺菌，預防感染；在味道方面，苯基達明也比口腔優碘接受度較高。不過無論哪一種噴劑，六歲以下請都先諮詢醫師後再使用哦！

鼻腔噴劑

因為氣候和體質的關係，台灣鼻子過敏的人很多。傳統的鼻過敏藥物幾乎都是口服的方式，雖然也有效，但常用的成分像抗組織胺，吃了常有嗜睡、影響精神的副作用；而類固醇雖然效果很好，但長期口服會引起水腫、月亮臉、水牛肩等副作用。

隨著醫藥進步，鼻過敏口服藥物不再是唯一選擇，像鼻噴劑就是近年來醫師常用的藥物劑型。許多鼻噴劑並不需要醫師處方，只要到藥局就可看見架上有一整排相關產品，讓人眼花撩亂不知從何選起。不管是醫師的處方或到藥局直接購買，在使用前爸媽們最好要有基本的了解，不然只一味追求效果好，卻買到不適合孩子或會影響孩子健康的藥物，就得不償失了。

常見的三類鼻噴劑

常見醫師開立或藥局可以買到的鼻噴劑有下列三類，類固醇鼻噴劑、抗組織胺鼻噴劑和黏膜收縮鼻噴劑。

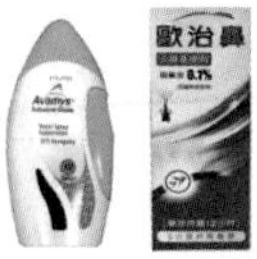

主成分	類固醇	抗組織胺	血管收縮劑
主要作用	改善鼻水、減少鼻塞	改善鼻水、止癢	改善鼻塞
作用時間	中長效	中短效	短效
越用越沒效	不會	不會	可能
影響最終身高	不會	不會	不會
適用年齡	2 歲以上	6 歲以上	12 歲以上

類固醇鼻噴劑，如艾敏釋

我覺得類固醇鼻噴劑的發明真的是鼻過敏患者的大福音。它不僅效果好，副作用少，使用也很方便。

既然是類固醇，大家擔心的就是會不會像口服類固醇一樣，造成全身性的副作用。研究結果來看，在每日一次的標準治療劑量之下，並沒有發現到對成人、青少年或兒童病人的內分泌系統造成影響，也就是不會造成一開始提到水腫、月亮臉等現象。

另一個最被擔心的問題是兒童的生長。曾有報告提到兒童使用類固醇鼻噴劑超過一年，比起沒有使用的兒童身高少長了○．二七公分；但也有其他報告提到，成年後的最終身高兩者沒有差別，所以會不會影響孩子的生長，目前並沒有定論。但影響身高的因素很多，使用類固醇鼻噴劑絕對是非常微不足道的一小部分，比起它對鼻過敏的效果和對生活品質的改善，相信很多醫師都會建議使用的。

◆**建議劑量**

★二至十一歲：建議起始劑量為每天一次，每次兩邊鼻孔各噴一下。如果孩子反應不佳，可暫時增加到兩邊鼻孔各噴兩次。但當症狀改善時，建議將劑量改回一天一次。

★十二歲以上及成人：建議剛開始每天一次，每次兩邊鼻孔各噴兩下，但當症狀明顯改善時，將劑量減少到一天一次。

一注意事項一偶爾有病人剛噴一、二天就回來抱怨沒有效，一般而言會需要連續使用數天，效果才會越來越好，請耐心持續治療。

抗組織胺噴劑，如噴立停

抗組織胺鼻噴劑是近期才發展出來的藥品，因為許多人擔心類固醇的副作用，於是便有藥廠開發出抗組織胺成分的鼻噴劑。在我的使用經驗上，這類型的鼻噴劑藥效比較溫和，比較適合輕度鼻過敏的患者。副作用方面，少數報告曾有使用完發生嗜睡和疲倦的症狀，以及有時噴完流到嘴裡會有點苦苦的，孩子的配合度不是那麼高。

◆**建議劑量**

★五至十一歲兒童：每次兩鼻孔各噴一下，每天使用兩次。

★十二歲以上及成人：依病情嚴重程度，每次兩鼻孔各噴一下或兩下，每天使用兩次。

去鼻塞噴劑，如歐治鼻

去鼻塞噴劑的主要成分是血管收縮劑，使用後可以迅速地減緩鼻黏膜充血和鼻塞的症狀。通常使用後數分鐘即會感覺症狀改善，藥效可持續到十二小時。

◆建議劑量

★十二歲以上及成人：依需求每邊鼻孔各一下，每天最多不超過三次。

一注意事項一去鼻塞噴劑不可連續使用超過七天，長期使用會引起反彈性鼻塞（即不僅沒效，一停用反而鼻塞更嚴重）。

◆使用禁忌

1. 曾接受鼻部手術。
2. 有狹角性青光眼的患者。
3. 慢性乾燥性鼻炎或萎縮性鼻炎的患者。
4. 未滿十二歲。
5. 孕婦。
6. 服用抗憂鬱藥的患者。

止瀉藥

腸胃炎腹瀉一定需要吃止瀉藥嗎？其實不一定，但止瀉藥可緩和腹瀉的次數和排便的量，對拉到紅屁屁的可憐寶貝，和換尿布換到快發狂的爸媽，還是有一定程度的幫忙。

舒腹達（橘子香草口味）

舒腹達（Smecta）是一種吸附劑，不會被胃腸道吸收，可以在胃腸道形成保護膜，增加胃腸道對病菌或毒素的抵抗力。

－注意事項－每包須加五十 CC 水或湯汁稀釋，於兩餐中間使用。避免與其他藥物一起使用，會影響其他藥物藥效。葡萄糖及蔗糖不耐症者，禁止使用。

瀉必寧

瀉必寧（Hidrasec）可以減少胃腸道的水分和電解質的分泌，達到止瀉的作用。

－注意事項－蔗糖不耐症者禁止使用。

兒童止瀉藥比較

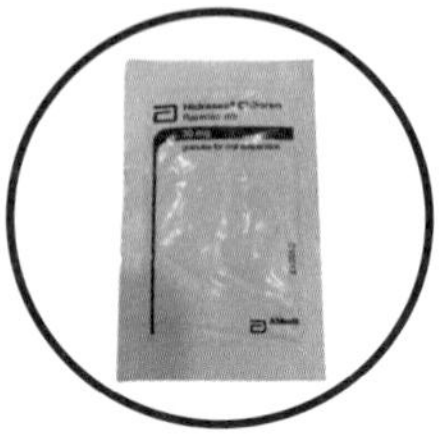

舒腹達

- 一種胃腸道吸附劑
- 須加水 50cc 稀釋
- 兩餐中間吃
- 可能影響其他藥物吸收
- 葡萄糖及蔗糖不耐症者禁用

瀉必寧

- 減少腸道分泌水分和電解質
- 不須稀釋，可直接吃
- 飯前、飯後都可吃
- 不影響其他藥物吸收
- 蔗糖不耐症者禁用

這兩種兒童止瀉藥都有止瀉的作用，不過機轉不一樣。舒腹達像盾牌，將病菌和毒素擋在外面；瀉必寧則像海綿，將水分和電解質吸入腸道壁，避免糞便太水。舒腹達使用限制較多，比如須加水稀釋，嬰幼兒常常無法喝到那麼多的水量。瀉必寧使用較方便，歐洲小兒消化醫學會也建議可使用於三個月大以上的急性胃腸炎哦！

小心！這些藥物對兒童來說很危險

你知道嗎？有很多常見藥物，若是用在兒童身上，可能誘發停止呼吸反射、咽喉痙攣、造成缺氧和變性血紅素血症等，有致命危險！

一點牙齒就不痛，但兒童不宜

六年級生應該有印象，小時候牙痛就醫沒有現在這麼方便，有時爸媽就拿一罐辣辣的齒治水，用棉花沾一沾直接壓在牙痛處，果然就真的比較不痛了。

其實國外也很風行，多年前有一位朋友問我他的孩子正在長牙，晚上常常睡不好脾氣暴躁，親戚從國外帶回一個兒童長牙神藥送給他（如P.260上方左圖），說效果相當不錯。但是他還是有點擔心，詢問我的意見。兩者成分都是苯佐卡因（Benzocaine），是一種局部麻醉劑，主要使用在口腔、牙齦或牙齒的外用止痛藥。

苯佐卡因藥品注意事項

- 含苯佐卡因的藥物請勿使用於 2 歲以下幼兒
- 幼兒可能誘發變性血紅素血症
- 症狀：皮膚藍灰色、呼吸急促
- 長牙不適請就醫，勿自行用藥

二歲以下，不可使用苯佐卡因

然而，美國食品藥物管理局從二〇〇六年開始就發出警告，當時他們接獲二十九件使用苯佐卡因造成變性血紅素血症的投訴事件，其中有十九個兒童，十五個小於二歲的幼兒；他們之後在二〇一二年和二〇一八年再度重申，含苯佐卡因成分的藥物不可使用於二歲以下幼兒。台灣食品藥物管理署也在二〇一九年公告，含苯佐卡因藥品禁止使用於二歲以下嬰幼兒。

什麼是變性血紅素血症呢？人體吸入氧氣後會和血紅素結合，再把氧氣帶到人體各個組織器官使用；但當血紅素因為接觸到某幾種化學物質造成血紅素性質改變，無法再運送氧氣，就會造成人體嚴重缺氧而致死。所以一旦發生變性血紅素血症，病人皮膚嘴唇會呈現藍灰色、呼吸急促，疲倦、意識不清，並可能窒息死亡。

目前含苯佐卡因的藥物大多是指示藥或成藥，也就是藥局就可以購買，不須醫師處方，所以當爸媽去藥局購買藥物時，要特別注意及詢問藥師是否含有苯佐卡因的成分。

最後呼籲大家，擔心幼兒長牙不適，建議去看小兒科醫師或牙醫，切勿自行隨便用藥，以免延誤病情或引起副作用哦！

含苯佐卡因的國內藥品	
達德士齒痛水	達德士藥品有限公司
本若卡克蘇齒科外用液	臺灣派頓化學製藥股份有限公司
井田口喜喉含錠	井田國際醫藥廠股份有限公司
人生樂可口口含錠	人生製藥股份有限公司
寶齡速通局部止痛液	寶齡富錦生技股份有限公司
喉福喉錠	永信藥品工業股份有限公司
潤可立舒凝膠	中國化學製藥股份有限公司新豐工廠
痛力解軟膏	中國化學製藥股份有限公司新豐工廠
明德舒吶喉錠	明德製藥股份有限公司
福元牙痛液	福元化學製藥股份有限公司
渡邊今治水	人生製藥股份有限公司
護汝免痛口內膏	臺灣汎生製藥廠股份有限公司
天下可醫喉錠	天下生物科技股份有限公司
喜能保齦	臺灣日化股份有限公司
樂口喉片	藥聯生技股份有限公司
齒治水	人生製藥股份有限公司

資料來源／食品藥物管理署

涼涼的很舒服，但是兒童使用要小心！

「快點，救救我的孩子，她突然臉色發黑，怎麼叫她都沒有反應！」著急的媽媽滿臉淚水和驚恐，急診頓時忙碌了起來。醫師熟練快速地檢查生命跡象，給予氧氣、打上點滴和藥物，孩子的臉色才慢慢恢復正常的粉紅色。

「我的孩子從來都沒有這樣過，怎麼會這樣？」

「目前我們還不確定原因，等一下會安排詳細的檢查；不過媽媽，你們剛剛有幫她擦什麼嗎？怎麼味道那麼重？」醫師注意到，剛剛檢查口腔時聞到一股濃厚的清涼刺鼻味。

「因為最近感冒鼻塞比較嚴重，剛才有幫她鼻頭擦一些××油，想改善一點鼻塞的症狀……」媽媽不好意思地說。

什麼是薄荷醇？

薄荷醇（menthol）是一個芳香性（亦稱芳香族）的有機化合物，主要是由薄荷萃取出來，具有清涼、芳香氣味的化學物質。從前以為是薄荷醇快速揮發的關係，讓皮膚有清涼感，但後來證實是經由影響溫度感覺神經元末梢上的 TRPM8 通道，導致感覺神經元的去極化，引起人體的冷感覺。適當且低濃度地使用薄荷醇，可讓人體有清涼舒適感，甚至止痛的作用。但是，高濃度的薄荷醇反而會刺激神經末梢的傷害感受器，造成人體有灼熱和刺激的不適感。

市面上非常多的外用產品都含有薄荷，大家都非常熟悉，像是綠油精、萬金油和曼秀雷敦等，主要的成分都是薄荷醇，最常被使用在緩解感冒的症狀，特別是鼻塞的感覺。很多長輩最愛的長條「薄荷冰」也是薄荷醇，時不時就往鼻孔塞一塞、轉一轉。但實際上薄荷醇真的可以改善鼻塞症狀嗎？如前所述，薄荷醇是經由刺激神經末梢造成清涼的感覺，所以擦在鼻子、人中處，會讓人感受到每一口呼吸都像是吸到高山上清涼的空氣般，感覺鼻子好像暢通多了，但是實際上去檢測，鼻塞程度並沒有因此改善。

二歲以下，可能誘發停止呼吸反射

薄荷醇並非百益無害的良藥，對於小於二歲的幼兒，呼吸道的防禦及反射尚未完全成熟，如果在臉部及鼻腔給予化學物質或冷刺激時，可能會誘發停止呼吸反射（Krarschmer reflex）以及咽喉痙攣。理論上，這是預防人體進一步吸入有害物質的保護性反射，但同時也可能因停止呼吸，造成缺氧的傷害，甚至有生命危險。另外，也有使用薄荷醇而誘發氣喘發作和皮膚炎的報告。所以兒科醫學會建議，以薄荷醇與類似物質為主要藥理成分的產品，均不建議使用於未滿二歲之嬰幼兒，尤其內服或塗抹於鼻孔、臉部、胸部。

還有一個國人最愛用在幼兒的脹氣膏，主要成分之一也是薄荷醇。目前的文獻顯示，外用的薄荷醇對消脹氣並無明確功效，但為什麼很多家長反應擦了脹氣膏，幼兒似乎就舒服多了呢？我覺得可能是和薄荷醇的清涼止痛效果有關，但幼兒的不適或是脹氣，還是應就醫、仔細尋求原因來對症下藥，以免延誤病情甚至引起副作用，就得不償失了。

現在連網路也可購買到這些含薄荷醇的外用藥品，在缺少藥師的把關下，使用上要特別小心相關資訊與注意事項。

成人藥物，千萬不可自行給孩子服用

大家應該還記得這一、二年的新聞，有媽媽在網路社團發文，說孩子在幼兒園被老師發現突然抽搐、嘔吐、昏迷，緊急送醫後才發現，原來是爺爺誤餵了成人的甘草咳嗽藥水，造成孩子藥物中毒，幸好緊急送醫治療後逐漸恢復意識。

很多人會以為孩子的藥物，就是成人劑量給少一點就可以了，這是完全錯誤的觀念！許多成人的藥物如果隨意拿給兒童使用，會有嚴重的副作用，上述的甘草咳嗽藥水即是其一。甘草咳嗽藥水屬於麻醉性的止咳藥物，其中含有甘草和鴉片類成分，若過量使用時，會抑制孩子的呼吸，造成窒息死亡。

另外，停咳糖漿（Dinco syrup）含有可待因，也是屬於麻醉性的止咳藥物，如果過量使用會抑制孩子呼吸，導致窒息的危險性。原本停咳糖漿可適量使用於在二歲以上的兒童，但二〇一七年食藥署公告，含可待因成分處方藥品，除非無其他替代藥品且臨床效益大於風險時，醫師方可考慮處方使用於未滿十二歲兒童，且應謹慎使用於十二至十八歲具呼吸功能不全的兒童；婦女於產後哺乳期間亦禁止使用。基於這樣的原則，一般醫療院所也越來越少開立停咳糖漿了。

120
80

Part 3
給孩子無毒安全的生活

食安問題不斷，讓各界逐漸重視這個問題。由於嬰幼兒不會表達，父母若不悉心注意，很容易讓孩子吃到大量環境毒素，而這些毒素的影響通常不會立即顯現，在多年或成年後才逐漸展現威力。此外，現代父母也必須面對從前沒想過的問題，比如手機、社群媒體的使用，我們是否做好準備了呢？

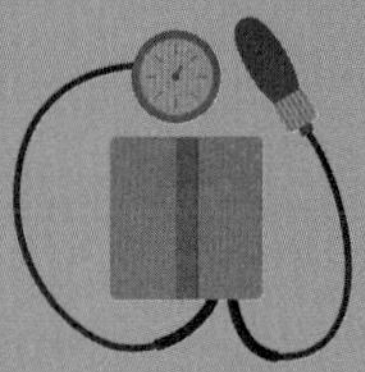

Chapter 1

食在好安心

買菜、洗菜有智慧，農藥不超標

台灣有「水果王國」的美稱，孩子們一年四季都有營養豐富、物美價廉的蔬果可以品嚐。但在享用的同時，父母是否擔心蔬果農藥殘留的問題？

農藥對孩子有什麼潛在的毒害？

台灣每單位耕種面積農藥使用量在全世界名列前茅，如果使用不慎，很難避免農藥殘留過量的問題。我對此一直十分擔心，農藥殘留的急性中毒機會雖然不大，但身為小兒科及環境職業醫學科醫師，我更在意的是長期吃到農藥超標的蔬果，對孩子健康會不會有慢性的毒害？

如何避免農藥殘留

CAS 認證或
產銷履歷

確實泡水和清洗

常見超標蔬果，
改選有機來源

選擇當季盛產

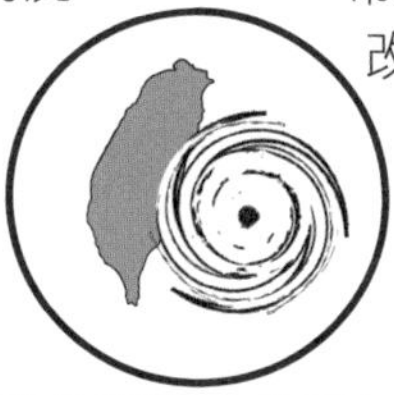

避免購買搶收蔬果

神經毒性

國內外都有許多文獻，已證實農藥慢性中毒會導致兒童過動症和認知功能障礙。懷孕時期若接觸到農藥，也發現和嬰幼兒的發展遲緩相關。動物實驗發現，嬰幼兒時期的農藥暴露會誘發成年後的巴金氏症，在人類的觀察也發現類似情況。

致癌性

許多有機磷農藥已被證實為極可能和可能的致癌物，流行病學研究也觀察到農藥暴露和兒童時期的白血病有相關。

內分泌系統傷害

有些農藥已被證實是一種環境賀爾蒙，會增加隱睪症及尿道下裂的風險，或影響甲狀腺功能。

哪些蔬果容易有農藥殘留？

國內對於蔬果農藥監測可分為三個部分：

❶ 上游：農糧署每月在田邊和集貨場進行抽檢。

❷ 中游：各產銷公司（如北農）每日在批發市場進行抽檢。

❸ 下游：蔬果上市後，各縣市衛生局每兩個月至各賣場抽檢。

上游、中游的抽檢，不合格率都相當低，農糧署小於五％，產銷公司更只有〇．一％，但衛生局在一般賣場抽檢不合格率較高，約在十～十五％之間。而國外在二〇一四年的報告顯示，歐盟不合格率是三％，美國僅一．五％。為什麼有這樣的差異不得而知，但就數字上來看，我們比歐美要高，需要進一步探討。

再來，我們可以看農藥的監測報告，哪些蔬果較常被驗出農藥殘留呢？根據二〇一八年度市售農產品農藥殘留監測年報，常見的有以下這些：

★香辛類植物：芫荽（香菜）、玫瑰。

★豆菜類：豌豆、豇豆、菜豆。

★水果類：百香果、木瓜、芒果。進口水果：蘋果、藍莓、草莓。

★小葉菜類：芹菜、油菜、芥藍、青江菜、羅勒（九層塔）、蔥。

所以當我們購買、食用以上這些農藥殘留榜上的蔬果前，務必要徹底清洗和浸泡，才能減少食用到過量農藥的風險。

聰明選購、清洗確實，農藥不殘留

綜合來說，除了寄望政府對農藥問題積極管理和監測之外，在個人和家庭部分，我們要怎麼做才能避免攝取到農藥超標的蔬果呢？

1. 選擇 CAS 認證或有產銷履歷的蔬果。這樣的蔬果表示生產過程經過驗證，安全性高於其他農產品，可優先選購。
2. 買回家後泡水清洗要確實。不管買到的蔬果農藥殘留是否超標，仔細地清洗還是可以去掉大部分的殘留農藥。
3. 針對常見農藥殘留超標的蔬果，要特別加強清洗，或改購買有機蔬果。
4. 選擇當季盛產水果。當季盛產的蔬果違規使用農藥的機率較低，價格也較便宜哦！
5. 不在颱風前後購買搶收的蔬果。提前搶收的蔬果常有農藥尚未揮發完全、造成殘留農藥超標的問題。

黃醫師無毒小祕方

要怎麼洗，才能有效洗掉殘留農藥？

- 首先是挑菜，把不要吃的根部和柄去除（包葉類先去掉外層葉片）。
- 再來剝開葉片，放於水中浸泡十至十五分鐘。常有爸媽會浸泡半小時甚至數小時；但其實十至十五分鐘已足夠，超過時間效果並不會更好。
- 再以流動的水，仔細地清洗葉片。

清洗蔬菜秘訣

· 葉菜去掉柄根
· 包葉類去外層

· 剝開浸泡 10 ～ 15 分鐘

· 以流動水洗葉片

怎麼吃雞蛋，才安全又健康？

不管對成人或兒童來說，雞蛋都是很優質的蛋白質來源。但是多吃蛋都沒有壞處嗎？小寶寶也可以吃蛋嗎？據說六個月才能吃蛋黃、一歲才能吃蛋白，對嗎？

很少有一種食材像雞蛋這樣，可以這麼全面地融合到人類的飲食之中。不管是中西式料理、零食、冰淇淋、蛋糕、麵包、調味品（如美乃滋），都少不了蛋的身影。也因為是用途如此廣泛的食物，探討雞蛋對健康的影響，一直以來都是很熱門的題目。

吃蛋好？不吃蛋好？

權威醫學期刊《JAMA》曾發表一篇研究，提到每週吃三顆以上的雞蛋，或每日攝取超過三百毫克的膽固醇，會增加三·二%心臟疾病和四·四%早死的風險。比起以前類似的研究，作者認為他們考量了更完整的因素，得到的結論應該更為準確。

這個研究結論打臉了才發布二、三年的第八版「美國膳食指南」，其中提到不用限制每日膽固醇的攝取量。另外每週三顆蛋的限制，也比以前建議一天一顆蛋要嚴格許多。

雞蛋的好處與爭議

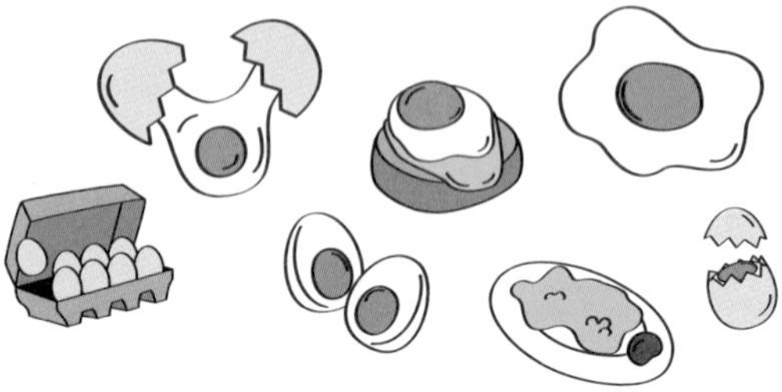

- 仍不確定吃雞蛋是否增加心臟病的機率
- 六個月吃蛋不會增加過敏
- 雞蛋有助於幼兒生長發育
- 六個月可吃一顆蛋，若有吃其他肉類、豆類，則蛋須減量

但很有趣的是，同時又有一篇相關的論文發表在《Heart》期刊。這是在中國的研究，內容提到每天吃一顆蛋，可以減少十八%心臟疾病的風險。作者認為，以前的研究對象大多針對歐、美，少有以華人為主的研究，華人和西方人在飲食習慣、生活型態和疾病類型都大不相同。這個結論比較符合傳統的觀點，認為一天一顆蛋，可減少心血管疾病的風險。

雞蛋和膽固醇之戰可以追溯到五十年前，首度有文獻提出限制雞蛋及膽固醇攝取的建議。在這之後，擁蛋派和反蛋派每隔幾年都提出各自的見解與證據，結論一變再變，讓人霧裡看花。時至今日，還是沒有比較強力的結論，證實雞蛋對心臟是有益或有害。

黃醫師無毒小祕方

雞蛋好吃又營養，但記得注意衛生！

雞的糞便裡有成千上萬的沙門氏桿菌，沾到雞糞的雞蛋上也是。所以如果雞蛋沒有清洗乾淨或是烹煮沒有全熟，就可能造成沙門氏桿菌感染。曾有一位三十五歲女性因疑似摸完雞蛋未洗手，感染沙門氏桿菌，引發毒性巨結腸症和大腸壞死，切除了九十%的大腸才得以保住一命。怎麼預防吃蛋卻被傳染沙門氏桿菌呢？細節內容請參考 P.164 哦！

孩子什麼時候可以開始吃蛋？

我們何時可讓孩子吃雞蛋（包含蛋白和蛋黃）呢？答案是六個月就可以了。在二〇一五年有一篇研究，讓六至九個月大的孩子，分成每天吃一顆蛋或不吃蛋，之後發現不管是身高或體重，吃蛋組都比沒吃蛋組要好，可見雞蛋對幼兒生長發育的貢獻良多。

在我剛進醫院做小小住院醫師時，主流建議還是一歲後再吃蛋白才能減少過敏產生。但現今觀念已不同，寶寶六個月吃蛋白並不會增加過敏的機會。

那麼，六個月大的孩子，可以吃到一整顆蛋嗎？我們來看國健署對幼兒的營養攝取建議，六個月建議的每天蛋白質攝取量，是每公斤約二至二．二克。大略估算，六個月幼兒每天需要蛋白質約十六至十八克，扣掉喝奶攝取的蛋白質，就剩下剛好一顆蛋的蛋白質含量，所以如果要再補充其他肉類及豆類，就要減少雞蛋的攝取量，以免造成營養的不均衡及腎臟的負擔哦！

如何避免塑化劑？

有醫師在電視上分享有一家人，媽媽罹患子宮內膜癌，女兒初經太早來、兒子卻太晚發育，檢驗發現體內塑化劑 DEHP 濃度超標二至三倍，懷疑是因為媽媽常用塑膠袋裝熱湯給全家人食用所造成。當然元凶不一定是塑膠袋，現在塑膠袋材質百百種，需要進一步檢驗才知道是否含有塑化劑，但這表示國人對於塑化劑的健康危害，越來越謹慎和注意了。

什麼是塑化劑？

二〇一一年的起雲劑事件還記憶猶新，在這之前，相信很少民眾知道什麼是塑化劑，對人體有什麼影響。塑化劑是一個統稱，舉凡塑膠產品的生產過程中，添加進去用以改變產品的彈性、延展性等化學物質，都可說是塑化劑。這其中最常被使用的，就是鄰苯二甲酸酯類的塑化劑，常聽到的 DEHP、DiNP、DBP 都是屬於這個大家族裡的一員。然而，每一種塑化劑的毒性還是有些不同：

預防塑毒四重點

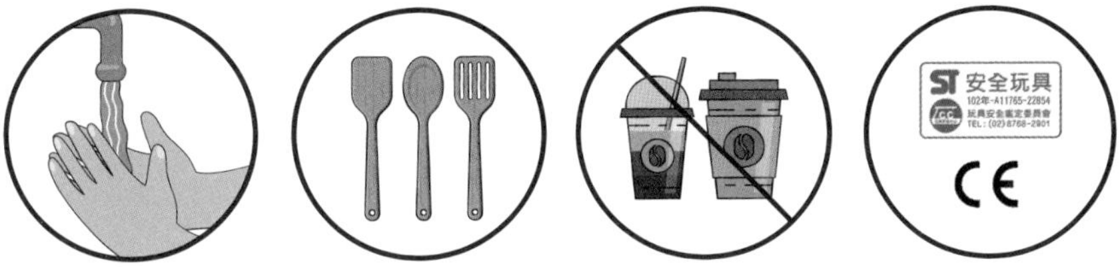

餐前勤洗手　不用塑膠餐具　不用塑膠杯　玩具看認證

DEHP

DEHP是以前最常被使用的一種塑化劑，用以增加塑膠品的彈性。在生活上使用非常廣泛，舉凡玩具、水管、塑膠地墊、食物包裝等都可能含有DEHP。前幾年爆發了起雲劑添加DEHP的風波，DEHP才開始廣為人知。

DEHP最被關注的是環境賀爾蒙方面，對人體來說，它有類似雌激素（女性荷爾蒙）的作用。有報告指出DEHP可能造成精子品質不佳、睪固酮濃度減低，動物實驗也發現會引起睪丸萎縮。

國際癌症研究機構（IARC）將DEHP歸為2B級，即可能的人類致癌物。研究發現會誘發老鼠的肝腫瘤，但在人類目前沒有足夠的致癌證據，不過有些體外實驗發現，和乳癌的發生可能有關。

DiNP

過去幾年因為起雲劑添加 DEHP 的風波，廠商轉而選用其他塑化劑，DiNP 的使用也越來越廣泛。DiNP 同樣在塑膠品生產時加入，以增加塑膠品的彈性。

關於 DiNP 的毒性研究沒有 DEHP 這麼多，目前看到的文獻，在人類研究方面有報告指出，DiNP 可能會造成男性精子型態和活動力異常、精子數量減少和睪固酮濃度減低。在動物研究方面，則發現會引起肝腎損傷、胎兒先天缺陷和發育遲緩。致癌性方面，發現會誘發老鼠的肝癌、白血病和腎臟癌。

在人類致癌性部分，目前國際癌症研究機構（IARC）和美國環保署（EPA），都尚未將 DiNP 列入致癌物的分類。

DBP

DBP 也是用於增加塑膠品的柔軟性。常用於食物包裝材料、地毯底布、驅蟲劑、噴髮劑及指甲油等。

DBP 最被關注的是對人體有生殖毒性，有研究指出男性接觸 DBP，下一代孩子尿道下裂、隱睪症及乳癌發生率較高；也有研究報告和男童的性早熟有關。動物實驗則發現會引起肝腫大、致畸胎性及睪丸損傷。

黃醫師無毒小祕方

雨衣也有塑化劑？

除了會從嘴巴吃到塑化劑外，皮膚也是孩子可能吸收塑化劑的管道哦！像是雨衣會和孩子的皮膚直接接觸，加上悶熱流汗，化學物質可能藉此經由皮膚吸收至孩子體內，不可不慎！兒童雨衣幾乎都是塑膠材質，常見成分有下面幾種：

- PE 材質：像超商的拋棄式雨衣就是 PE 製成。PE 雨衣輕薄好攜帶，PE 在製程中一般不需要加入塑化劑，但缺點是易變形、不耐用及容易破。
- PVC 材質：是最被廣泛使用的塑膠產品材質，優點是便宜、防水功能優良以及耐用，缺點是常含有大量塑化劑。
- EVA 材質：較新一代的塑膠材質，具有柔軟抗腐蝕的特性，被廣泛使用於鞋墊、雨衣、坐墊及食品包裝薄膜等。製造 EVA 時一般不會使用塑化劑，但價格略高。
- PU 材質：可以用來製造海綿、人工皮革、雨衣、醫用器材甚至鋪設運動場跑道等，要注意的是否殘留過量塑化劑及其他助溶劑（如 DMF，對肝臟及生殖系統有害）等。

所幸標準檢驗局自二〇一五年起就將兒童雨衣納入強制檢驗項目，以維護兒童健康。關於材質部分的檢驗項目就是塑化劑和重金屬，通過標檢局認可的兒童雨衣會有標檢局的標章，請大家選購時務必注意哦！

總結來說，大家會發現大部分塑化劑對人體的危害都很類似，因為他們具有環境荷爾蒙的作用，對人體內分泌系統造成慢性毒害。因此，最要小心的就是孕婦了。動物實驗發現，懷孕時接觸越多塑化劑，胎兒出生後陰莖會變小，尿道下裂和隱睪症的機率增加。人類的研究也發現孕婦接觸塑化劑越多，孩子以後氣喘風險提高將近五倍。

隔絕塑化劑的四項原則

台灣是塑膠王國，生活都被各種不同的塑膠製品所圍繞，所以接觸到塑化劑幾乎無可避免，難道我們就只能眼睜睜看著塑化劑殘害我們的身體嗎？

當然不，人體接觸塑化劑最主要是經由嘴巴吃進去，我們可以做的，就是隔絕這個吸收的路徑。所以我建議：

1. 吃東西或用餐前一定要肥皂或洗手乳，把手洗乾淨，可去除九十%的塑化劑。
2. 避免使用塑膠餐具，包括杯、碗、盤、湯匙和筷子。
3. 喝飲料自備不銹鋼杯，少用塑膠杯，特別是熱飲，溶出塑化劑濃度更高。
4. 兒童玩具選擇有安全玩具認證，特別是〇至二歲愛吃玩具、吃手的時期。

希望大家都能一起少用塑膠製品，遠離塑化劑的危害！

不給糖就搗蛋！孩子吃糖好嗎？

看電影一定要吃爆米花，看電視一定要吃洋芋片，常常會一回神才發現已經嗑掉一大包零食而不自覺嗎？好吃零食必備三個條件——甜、鹹、香，對應到食物成分就是糖、鹽和脂肪。在古代，糖、鹽和脂肪是人體必須卻很難得的成分，由於食物取得不易，所以人類腦部不存在抑制糖、鹽和脂肪的機制；意即富含糖、鹽和脂肪的食物，會讓人覺得「唰嘴」，想停也停不下來。

近百年來科技快速進步，零食廠商可以大量生產幾乎只含糖、鹽和脂肪的垃圾食物。環境改變了，糖、鹽和脂肪不再難以取得，然而人類腦部還沒適應，當接觸到糖、鹽和脂肪，腦部仍然告訴我們：「再多吃一些，再多吃一些！」特別是糖，會刺激腦部的回饋中樞，釋放出多巴胺（俗稱快樂賀爾蒙），讓你覺得心情愉悅，還想吃更多。

兒童吃糖的壞處

最直接的就是肥胖，而肥胖又和心血管疾病、高膽固醇、高血壓、糖尿病和脂肪肝有關；吃甜食引起蛀牙，也是很常見的問題。另外，糖也會影響孩子處理情緒的能力。

抗糖四大戰略

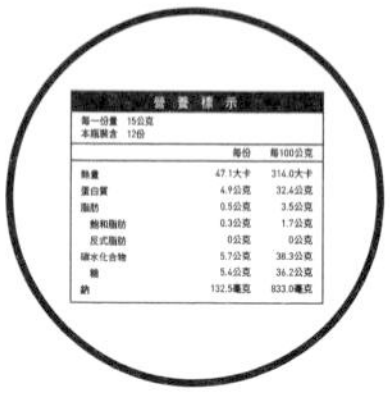

認識標籤，拆穿假面具

認識無糖也可以美味

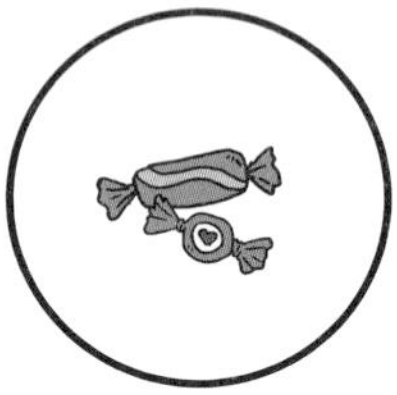

從減量做起

避戰而不求戰

盡管有種種壞處，但面對架上琳琅滿目、包裝鮮豔的零食，兒童幾乎沒有抵抗能力。因此，家長們必須做好把關的角色。

聰明避開三高食物

首先，我們要學會閱讀零食包裝上的成分，是不是有以下的文字——英文結尾是 ose（像是果糖 fructose、蔗糖 sucrose、乳糖 lactose、葡萄糖 glucose），有 cane（如蔗糖 cane sugar），有 corn（如玉米糖漿 corn syrup），有 rice syrup（米糖漿）及 honey（蜂蜜）。這些文字都是精緻糖類的假面具，要盡量避開富含這些成分的零食。

另外，我們要練習欣賞及教育孩子

黃醫師無毒小祕方

國內學齡前兒童吃糖的問題嚴重嗎？

根據二〇一三年公共衛生雜誌的調查報告，台灣二至五歲幼童，有三分之一攝取精緻糖超過建議量的標準。就我自己的經驗，台灣幼兒園餐點含精製糖的比例很高，蛋糕、麵包等含大量精緻糖的點心，幾乎每一、二天都有提供。期待政府針對幼兒園餐點進行相關建議及規範，以免孩子從小養成吃甜食的習慣，增加日後健康的風險。

感受其他的味覺，比如酸味及鮮美味，這些味覺不須太多即可讓人感到飽足。我們可使用醃漬蔬菜、肉類、蘑菇、番茄、味噌、低鈉醬油和奶酪等來調味。慢慢地，我們會開始感受到對鹽的渴求逐步減少。

再來，就是管控數量。既然我們無法完全停止吃垃圾食物，至少我們可以減少出現在我們面前的量，一次只拿出一小部分的零食，而不是整包放在桌上任君挑選，這樣即使吃完可能再去拿，還是可以減少吃到垃圾食物的總量。

要再更精確一點，根據美國心臟協會（AHA）的建議，二至十八歲的孩子，每天攝取精緻糖應少於二十五公克，含糖飲料要限制少於兩百三十六cc；小於二歲，則不建議攝取含有精緻糖的飲料或食物。這個標準訂得很有趣，完全是針對可樂來量身訂做，一個小罐的可樂就是兩百三十五cc，含糖二十四．九公克，意思就是一天喝一小罐可樂就夠多了，不能再吃任何額外的零食了。

最後給大家一個忠告，想吃這些高糖、高鹽和高脂肪的垃圾食物，是人類的本性，不要想強硬地對抗這些垃圾食物，盡量避開它才是聰明之道！

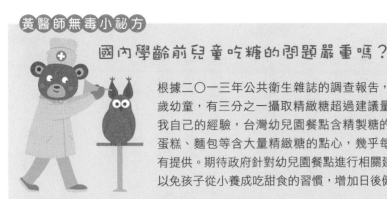

正確選擇兒童餐具與水壺

之前看到有醫師在媒體上說，孩子長期使用寶特瓶當水壺，異位性皮膚炎惡化、月經提早來——真有這樣的事嗎？這個新聞有很多爭議之處，包括寶特瓶通常很少需要使用塑化劑，寶特瓶中的銻濃度一般也很低，不容易造成銻中毒，進而誘發皮膚炎的症狀。現在醫療十分進步，塑化劑有沒有過量、是不是銻中毒，都可用尿液檢驗而得知，可惜當時應該沒有進一步做檢查。

兒童餐具百百款，怎麼挑？

爸媽們都很注重孩子吃得健不健康，現在也越來越注意盛裝食物的器具，包括碗、盤和水壺的材質是否安全，會不會釋放毒素？

孩子的碗盤常見的材質有陶瓷、不鏽鋼和塑膠。

★陶瓷：耐熱、耐酸鹼，較少殘留毒素的問題，但是爸媽都知道，太小的孩子拿陶瓷碗盤是很危險的，隨便摔都會碎裂滿地。

餐具材質	優點	缺點
陶瓷	抗酸鹼、耐熱	較重、易碎、易導熱
不鏽鋼	抗酸鹼、耐熱、耐摔	較重、易導熱
塑膠	質輕、耐摔、不易導熱	有塑化劑風險

★不鏽鋼餐具：好的不鏽鋼（如SU304、SU316）耐熱、耐酸鹼，更耐摔，不會釋出毒素，是不錯的選擇。但缺點是隔熱效果不好，如果裝熱湯熱食，手容易燙到。有些廠商做出內層不鏽鋼、外層塑膠材質的容器，可以拆開洗，十分方便。

★塑膠碗盤：比較複雜，常見的塑膠餐具有兩種材質：

✦PC：PC塑膠產品最被詬病的就是可能含有雙酚A（BPA）。雙酚A是是製造PC的重要原料之一，也是一種塑化劑，最常使用作為罐頭內側的塗膜，幫助食物保鮮。PC產品若未將殘餘的雙酚A清除乾淨，孩子也很容易攝取到。雙酚A是一種環境賀爾蒙，會影響婦女受孕，增加糖尿病、肥胖和心血管疾病的風險。也有研究發現，寶寶出生時臍帶血中雙酚A濃度越高，孩子學齡時的智商、語言和推理能力就越低。所以不只是孩子的水壺要注意，連孕婦的水壺也要小心哦！市面上很多水壺標榜BPA free（不含雙酚A），這樣就沒有問題了嗎？這幾年發現，很多產品雖然號稱不使用雙酚A，但會使用其他多種替代的化合物，雖然檢查沒有雙酚A，但用細胞去做檢測，仍然會發

黃醫師無毒小祕方

PP到底有沒有塑化劑？

之前某大公司被查驗出塑膠隨行杯塑化劑超標，這小小新聞背後的問題，卻讓我頗為擔心，因為查到的資料顯示，這款隨行杯的材質是聚丙烯 PP。PP 和惡名昭彰的聚氯乙烯 PVC 不同，理論上製程應該不需要使用塑化劑，所以大家一直以來都很放心地使用 PP，連標檢局也呼籲大家盡量選購無危害風險的 PP 製品。

食藥署實際怎麼執行、查驗不得而知，但根據食品器具容器包裝衛生法規，PP 類食品容器是否須驗塑化劑呢？答案是不用。然而，這樣大型公司生產的 PP 產品，還是被驗出超標的塑化劑，市面上的 PP 產品會不會也有問題呢？希望相關單位可以擴大檢驗塑化劑的範圍，以免掛一漏萬！

現具有動情激素的活性（EA）。這表示雖然 BPA free，但環境賀爾蒙並沒有 free 哦。

✦ PP：在塑膠製品中理論上是相對安全的，可耐熱攝氏九十至一百四十度，也耐酸、鹼。PP 廣泛使用於奶瓶、飲料杯、咖啡杯及餐具等，毒性很低，一般來說很少含有塑化劑。但實際上，有些 PP 產品或容器，還是被偵測出含有過量的塑化劑，原因不得而知。

總結來說，我建議使用不鏽鋼製造的水壺和餐具，如果偶爾外出不方便可以暫時使用 PP 材質的餐具。等孩子大一些，可以自己好好用餐時，就可以換成陶瓷材質的餐具了。

鍋具材質大解析

市面上鍋子款式那麼多種，價格落差又大，要怎麼選擇才能安心使用呢？

鍋具的挑選重點

正確地使用，比價格更重要！我們選鍋子可以考慮下面幾個重點：

1. 好不好清潔：鍋具長期和食物接觸，若是食物常殘餘在鍋具上不易清除，就會滋生細菌，對人體造成疾病。所以選擇鍋具，一定要遵照每種鍋具的正確清潔方式，每次使用完都要徹底清洗。
2. 挑選適當的鍋具，而不是高貴的鍋具：每種料理適合不同的鍋具，適合的配套廚具也很重要，比如不沾鍋就不能使用鐵鏟，以免刮傷塗層，產生毒素讓家人吃到。
3. 注意個人體質：比如有人對鎳過敏，就不適合使用含鎳的不鏽鋼廚具。

常見鍋具材質解析

坊間常用的鍋具材質，有鋁、不鏽鋼、鐵和不沾鍋。這四種材質有什麼特性呢？

鋁鍋

聽到鋁鍋，很多人一定會倒退三步——吃太多鋁，不是會造成老年癡呆症嗎？這個長久以來的觀念根深蒂固存在於民眾腦海中，早期的研究曾發現罹患老人痴呆症的病人腦組織中，鋁含量比一般人高，然而後續許多研究，卻未發現同樣的現象。

有鑒於大眾對於鋁議題的恐慌，歐洲食品安全局（EFSA）在二〇〇八年發表報告，認為沒有證據顯示鋁的攝取和老人癡呆症有關。鋁確實是毒性很低的金屬，但是高劑量的暴露，還是可能對人體造成生殖毒性和骨頭的傷害。所以對於一些高風險族群，比如腎衰竭的病人和小嬰兒，對鋁的代謝較慢，還是要盡量避免使用鋁製的鍋具和餐具，以免造成健康的危害。

不沾鍋

不沾鍋從法國特福公司於一九五六年開始生產以來，幾乎風靡全球。不沾鍋特別在表面有一層特弗龍塗層，也就是全氟碳化物，其特性是料理時可以只用很少的油或不用油，

鍋具材質	優點	缺點
鋁鍋	輕便、易攜帶、導熱快	腎衰竭病人及幼兒避免使用
不鏽鋼	少毒害	笨重、清潔不易
不沾鍋	料理方便、清洗簡單	可能釋出全氟碳化物
鐵鍋	少毒害	笨重、清潔不易、易生鏽

也不會沾黏食物，使用完也很容易清洗，廣受許多家庭的喜愛。

然而這個魔術般的材質，這幾十年來爭議不斷。早期使用的全氟碳化物種類是全氟辛酸（PFOA）和全氟辛烷磺酸（PFOS），這些全氟碳化物已被證實和許多疾病有關，比如高血脂、甲狀腺疾病、腎臟癌、睪丸癌和妊娠高血壓等。孕婦也要特別小心，有研究發現，臍帶血中PFOS的濃度越高，越容易早產和體重較低，孩子之後的動作發展較差，也較容易過敏。近期雖然改用較低毒性的PFBS和PFHxA等全氟碳化物，但目前研究尚少，對人體的影響還有待觀察。

那不沾鍋就完全不能使用嗎？在適當的條件下，比如不使用高溫烹煮（大於二百三十度）、適合的廚具（木剷）和正確的清潔（使用專用海綿），還是可以使用；不過一旦發現塗層有破損，就要立刻丟棄不可再使用哦！

不鏽鋼鍋

不鏽鋼是相對安全的廚具，材質較好的不鏽鋼鍋（SU300 或 SU400 系列）耐高溫也耐酸鹼，也沒有塑化劑問題。缺點是如果煮菜時用的油太少，較易沾鍋，清潔上也較麻煩。

鐵鍋

鐵鍋是中式料理的主力鍋具，舉凡煎、煮、炒、炸都可用鐵鍋完成，也比較不用擔心毒素的問題。但鐵鍋笨重，使用完清潔往往要用力刷洗才能乾淨，清潔完還要上油保養。

黃醫師無毒小祕方

不沾鍋對環境的影響

不管是生產過程和廢棄後的處理，不沾鍋使用的全氟碳化物對環境都有深遠的影響。全氟碳化物在人體內可存在數年時間，在環境中可存在數十年不會分解，這樣的結果造成全世界都存在有全氟碳化物，想得到的食物，如魚、肉、蛋幾乎都可偵測到，甚至連海豹的體內也被檢測出全氟碳化物——想當然耳，人類的體內也都有全氟碳化物。大家都知道，不沾鍋好用、好清潔，但我個人會盡量選用不含全氟碳化物材質的鍋具，除了避免可能的毒害，也為環境保護盡一份心力。

Chapter 2

衣著好用心

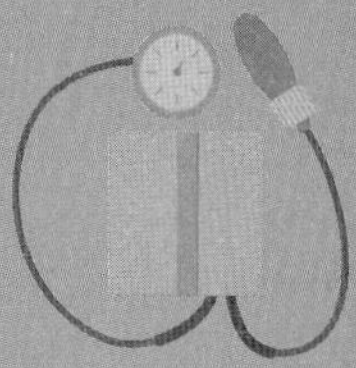

醫師教你買童裝，台日韓歐美各要注意什麼？

「來哦，日本、韓國進口的漂亮童裝，一件一百！」不論在百貨公司或菜市場，常可看到色彩繽紛和設計新穎的童裝，但很少人會去看這些童裝到底是否安全、符合各國的規範和通過檢查，還是只是胡亂貼個標籤就說是國外進口的高級童裝呢？

童裝的安全性，很重要嗎？

一定有人覺得，童裝只是孩子穿在身體外面也不會吃進去，安不安全、有沒有毒，應該沒那麼重要吧？我們來看看下面幾則新聞：

童裝認證標章

韓國 KC 標章	台灣標檢局標章	歐盟環保標章	OEKO-TEX 標章

二〇二〇年三月《世界日報》

「美國聯邦海關邊境保護局在紐約上州沒收百餘件童裝，這些童裝，含鉛量超出安全標準……」

二〇一九年十月 TVBS

「標檢局在今年七月，對小朋友的衣物訂定一項新的檢驗規範，十四歲以下孩童服裝的束繩，要限制長度，主要是過去有不少案例就因為束繩過長，溜滑梯纏繞頸部，容易讓小朋友發生窒息的危險……」

二〇一四年一月 中時電子報

「綠色和平組織去年中在台灣等全球二十五個地區或國家，抽檢十二家業者生產的八十二件童裝，結果六十一%含有可能危害內分泌系統的壬基酚聚氧乙烯醚NPE、有塑膠印花者有九十四%含塑化劑、標榜防水者百分之百驗出全氟碳化物和銻……」

童裝的製造過程中，不免加入染劑和助劑等化學物質，然而孩子的皮膚特別稚嫩敏感，這些化學物質都可能具有不等程度的刺激性，如果這些化學物質超標，更可能造成健康危害。

各國的檢驗標準

童裝的各國規範和檢驗標準略有不同，但對兒童的健康都有充分的保障。所以我們不需要特別只選擇某一國的童裝，重點應該是放在這些童裝是否通過各國的安全檢驗？以下我們介紹各國童裝的認證標準，提供父母選購童裝時的參考。

韓國

韓國的童裝鮮豔又新潮，深受年輕父母的喜愛，在網路上也常有標榜韓貨的童裝，這些衣服安全嗎？

韓國的消費品由技術標準局（KATS）訂定標準，童裝的製造商或進口商在經過指定安全檢查機構測試後，確認產品符合童裝的安全標準，就可申請安全認證的標籤，最後才得以在市場銷售。韓國童裝認證就是「KC」（如 P.292 圖），父母在購買韓國童裝時，可認明這個標誌。

日本

日本童裝無特別認證標誌，但「生活用製品安全法」要求紡織品按規定須標明紡織品的纖維成分和比例、洗滌說明、尺寸、使用說明、廠商名稱、地址和電話等。日本對於童裝要求十分仔細，特別是甲醛的檢驗非常嚴格。

美國

在美國市場上販售的兒童用品（包括童裝），都要符合聯邦法規和各州規定，經過美國消費品安全委員會（CPSC）認可的實驗室測試合格，才可販售。美國紡織品標籤須標明纖維成分、原產地、製造商或經銷商、洗燙和漂白等警示說明。但美國童裝沒有特別認證標誌可辨別，一般來說，美國對於童裝的阻燃安全性特別重視。

歐洲

在歐盟各國販售童裝，必須符合「一般產品安全法」規範。歐盟對童裝規範較為完善齊全，特別注重生態和危害物質的檢驗，並規範市售紡織品標籤須標明纖維成分、生產國別、洗滌保養方式、尺寸等。歐盟對童裝雖無特定認證標誌，但多年來實施「綠色標章」制度，包含歐盟環保標章（EU Ecolabel）和信心紡織品 OEKO-TEX 標章（如P.292）。標榜產品本身及生產過程中是無汙染、無毒害的綠色採購和綠色消費。所以如

黃醫師無毒小祕方

紡織品裡的甲醛

紡織品中含有甲醛並不少見，甲醛對孩子會有什麼危害呢？低劑量的甲醛就會刺激眼、口、鼻和皮膚。如果本身有氣喘的孩子，也可能在接觸甲醛後被誘發。高濃度的甲醛則會導致呼吸道發炎，持續數天到數週。此外，甲醛也是一種可能的人類致癌物，長期接觸甲醛會增加致癌的風險！

幫孩子購買童裝時，除了注意有沒有認證，也要用鼻子聞一聞，確定沒有刺鼻味道再購買；在穿上之前先以清水洗過，也可減少童裝上面殘留的各種化學物質。

果童裝上有這些綠色標章，更可以放心選購。

台灣

台灣依據國家標準CNS14940「紡織製品中游離甲醛之限量」、CNS 15290「紡織品安全規範（一般要求）」、CNS 15291「兒童衣物安全規範—兒童衣物之繩帶及拉帶」及CNS 15205-1「紡織品—偶氮色料衍生特定芳香胺的測定法」對童裝進行檢測。通過檢測的童裝產品，會給予經濟部標準檢驗局認證標識（如P.292），所以購買國內市售的童裝，可以認明是否有這個認證。另外我們也應同時注意中文標示是否完整，比如廠商名稱、電話及地址、尺寸、生產國別（產品主要製程地之生產國別）、纖維成分比例及洗燙處理方法等。

兒童口罩挑選重點

「哪裡可以買口罩？」、「糟糕，要搭捷運沒有口罩怎麼辦？」……二〇一九年，新冠病毒疫情造成前所未有的口罩大搶購，必須使用實名購買和限購方式，才能保障民眾都可買到口罩，四處都可見長長的排隊人龍。但也因政府即時、果斷的措施，才沒讓疫情繼續擴散。

口罩為什麼能保護我們？

口罩的樣式好幾種，我們要怎麼選擇適當的口罩呢？在談口罩的選擇之前，我們先稍微了解口罩的過濾原理。口罩之所以能去掉空氣中粉塵、懸浮微粒和病菌，主要是靠兩個機轉：過濾和吸附。

★過濾：針對較大的微粒（如粉塵），利用口罩本身的材質和組成，將較大的微粒阻擋在外。

★吸附：針對較小的微粒（如病毒），利用靜電的原理，將微粒吸附，使其無法進入口罩內層。

所以我們可以知道，針對較大或較小的微粒，口罩的效果較好，反而對於少數不大不小的微粒（如三百微米大小），口罩較容易出現穿透狀況。口罩的測試就是針對這部分，對於最容易穿透的微粒，檢查口罩的防護功能。比如N95就是指針對三百微米大小的微粒，穿透的機率不能超過五％，防護效果超過九十五％的意思。

對一般人而言，要預防飛沫粒徑六微米大小的飛沫傳染，戴醫療用口罩已十分足夠；但對於要近距離照顧不明肺炎病人的醫護人員而言，還要考慮空氣傳染的可能性，要預防病毒粒徑〇．一至〇．二微米大小的空氣傳染，就必須是N95等級以上的防塵口罩才可行。

另外，很重要的是口罩密合度的問題。有戴過N95口罩的朋友就知道，N95和臉非常密合，所以戴N95口罩感覺很悶，吸氣呼氣都要很用力，會有高呼吸阻抗的問題，一般人很難完全配合長期配戴。醫療用口罩密合度不佳，呼吸阻抗低很多，配戴感覺較舒適些，但也因此容易外洩，對於空氣傳染的防護效果較差。

一般民眾會選購的口罩，有醫療用口罩、防霾（PM2.5）口罩、活性碳口罩及防塵口罩（N95），這四種口罩各有特點和使用時機，簡單介紹如下：

醫療用口罩

主要用途為防止病人與醫護人員之間微生物、體液及粒狀物質之傳遞與感染。

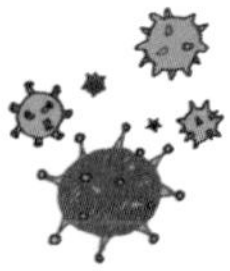

種類	時機	優缺點
醫療口罩	預防病毒及細菌傳染	防飛沫效果佳，有一點悶
防霾口罩	空氣汙染時過濾汙染物	可防更小微粒，相當悶
防塵口罩	工作環境中過濾粉塵使用	防極小微粒病毒，非常悶
活性炭口罩	預防粉塵及異味，如油漆或騎車	兼具防粉塵和臭味效果，但是效果都不佳

★檢測標準：CNS 1477

★細菌過濾效率九十五％以上

防霾口罩（PM2.5）

適用於日常生活預防空氣汙染使用。

★檢測標準：CNS15980

★粒狀物過濾效率八十～九九％

防塵口罩（如N95）

適用於工作環境過濾粉塵使用。

★檢測標準：CNS14755、NIOSH

★粒狀物防護效率八十～九九．七五％

活性碳口罩

適用於工作環境過濾粉塵及異味使用。

★檢測標準：CNS14756

★粒狀物防護效率八十～九九％

兒童戴口罩要注意什麼呢？

對兒童來說，戴口罩不但可以減少飛沫傳染，也由於手無法直接碰到口鼻，所以也可以降低接觸傳染的機會。但由於兒童要把口罩戴好、戴滿有時會有點困難，所以我們幫兒童選擇口罩時要注意一些重點：

1. 有戴比沒戴好：無論哪一種口罩，至少要孩子有戴才會有效。如果孩子不要戴醫療用口罩，棉布口罩也可以考慮。棉布口罩有八成以上的預防飛沫效果，而且配戴起來比醫療口罩舒服許多。
2. 立體比平面好：口罩的選擇除了材質之外，和人臉部的密合度也很重要。一般來說，立體剪裁的口罩和臉部的密合度較高，從口罩旁縫隙漏氣的機會也較低。
3. 醫療用比棉布好：醫療用口罩有政府認證，過濾效果比棉布好，但會比較悶，要看孩子戴不戴得住。
4. 建議兒童須戴口罩四時機（指非防疫期間，防疫期間請遵照衛生機關規範）：

- 有發燒、咳嗽、流鼻涕等呼吸道症狀時。
- 須接觸發燒、咳嗽、流鼻涕的病患時。
- 進出醫療院所時。
- 出入通風不良、擁擠、密閉空間時。

黃醫師無毒小祕方

正確戴口罩，保護力多一層！

常常看到孩子臉上掛著一個鬆鬆、大大的口罩，這樣真的有效嗎？兒童常常找不到適合大小的口罩，而從研究結果看來，當吸氣流量低、呼吸速率較快時（如兒童），外洩的情況就會雪上加霜。所以重要的是要增加戴口罩的密合度，若口罩大小不是那麼適合，要怎麼增加口罩密合度呢？可考慮使用以下方式：

- 戴上口罩時，鼻樑鐵條要壓緊，符合鼻樑的曲度，口罩體要拉開，下方可以包覆住下巴。
- 頭帶式口罩固定於頭部後方，可綁緊以增加口罩的密合度。
- 口罩和臉部的隙縫可貼醫療膠布，減少外洩。

如無頭戴式，也可將耳掛式口罩繞過耳朵，後方以迴紋針或掛勾等適當長度物品固定，增加口罩的緊度和密合度。

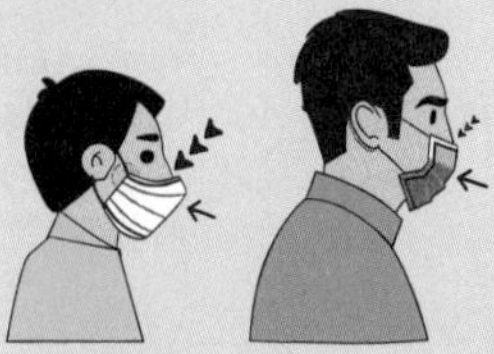

兒童戴口罩外洩較成人嚴重。

如何增加口罩密合度

．鼻樑鐵條要壓緊
．使用頭部綁帶式
．隙縫處可貼膠布
．用迴紋針或夾子固定

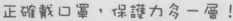

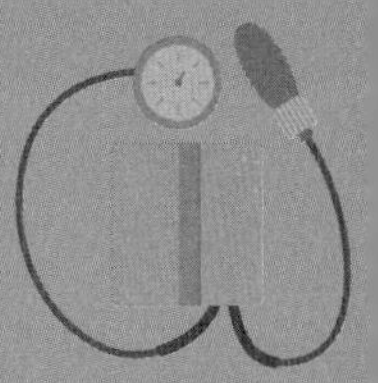

Chapter 3

住家更寬心

使用殺蟲劑，可能對幼兒造成神經毒性！

祐祐是一歲半的活潑小男生，身體很健康，沒有罹患過嚴重的疾病，最近也沒有服用藥物。但媽媽注意到祐祐最近有點怪怪的，臉部常常有一些怪異的抽搐動作，一開始媽媽不以為意，但症狀持續了一個多星期，而且越來越明顯，連親戚也覺得奇怪，催促媽媽帶祐祐去看醫生。

聽完媽媽的敘述，醫師初步懷疑是妥瑞氏症引起的抽搐動作，這在兒童是相當常見的症狀，但心中還是有些擔心，因為妥瑞氏症在這麼小的孩子相當少見。因為和家長很熟，所以閒聊了一下，幾隻囂張的蚊子在診療間飛舞著，打也不是、不打也不是，只好尷尬地揮開。

「最近蚊子真的好多啊。」

「對啊，我家蚊蟲螞蟻也好多，前幾天才噴了殺蟲劑，效果還不錯，這兩天蚊蟲明顯少了很多呢！」

醫師突然閃過一個想法：「祐祐媽媽，你們是用哪種殺蟲藥？」

「就××牌啊。」

「可以請你將瓶身的標示拍照給我看一下嗎？」

「當然沒問題，但這是為什麼呢？你也想買嗎？」

「哈哈，不是啦，我想查查成分，說不定和祐祐的症狀有關聯。」

好險多聊了幾句話，發現殺蟲劑的成分可能有神經毒性，而且因為媽媽很怕蚊蟲的關係，噴的量還不少，於是醫師將祐祐轉診到醫學中心去作進一步檢查。醫院的毒物科專家醫師，安排了常規抽血和神經檢查，結果都是正常，但醫師注意到殺蟲劑標籤註明的成分是除蟲菊精（bifenthrin, pyrethrins），是具有神經毒性的化學物質，所以請家屬先停止使用殺蟲劑，並使用清潔劑和大量的清水清洗家裡，特別是有噴灑殺蟲劑的範圍。隔天，祐祐奇怪的臉部抽搐動作就不藥而癒了。為了確認殺蟲劑是否被人體所吸收，醫院蒐集了雙親和祐祐的尿液檢體去檢查，結果證實尿液中的除蟲菊精代謝物濃度，遠遠高於正常範圍。

殺蟲劑中的危險成分

除蟲菊精是被非常廣泛使用的神經毒性殺蟲劑，不管是在農業、環境或家庭使用的驅蟲藥劑，都常含有這個成分。最原始的除蟲菊精，是由天然的除蟲菊花乾燥、提煉出來的殺蟲劑，相當不穩定，容易因受熱和照光分解消失，在土壤中半衰期只有一至二小時，但在室內可存在二個月以上，所以主要使用在室內的驅蟲殺蟲用途上。

後來有專家加以改良、增加穩定性，目前除蟲菊精主要分為兩型，第一型（不含腈基）如百滅寧（Permethrin），第二型（含腈基）如賽滅寧（Cymerthrin）；一般來說，第二型的毒性大於第一型。人體的吸收途徑若經由皮膚接觸和呼吸道吸入，對人體毒性比較低；但若經由食入造成，毒性較高。接觸除蟲菊精造成的症狀，最常見就是皮膚感覺異常，可能會有刺痛、搔癢和麻麻的感覺，所以上述祐祐的怪異臉部抽搐動作，可能就是除蟲菊精中毒所造成的症狀。這些症狀，會在移除暴露源二十四小時之後消失。

在室內噴灑殺蟲劑，對幼兒的危險性遠高於成人。殺蟲劑在噴灑後會沉積於地板和桌面，對於學步期和爬行期的幼童有很高的暴露風險，較小的幼童也常有吃手或吃玩具的行為，更增加吸收殺蟲劑的機會。幼童呼吸速率比成人高，若空氣中有懸浮的殺蟲劑，也會增加吸收殺蟲劑的量。除了造成神經毒性外，除蟲菊精還可能造成過敏反應，和接觸性皮膚炎、氣喘的發生，甚至有因此造成嚴重氣喘發作而致命。在極少見的狀況下，大量的除蟲菊精可能會造成動作不協調、頭暈、頭痛、嘔吐和腹瀉。

黃醫師無毒小祕方

家裡有小孩，可以使用殺蟲劑嗎？

台灣常用殺蟲劑種類有三種，有機磷殺蟲劑、氨基甲酸鹽類殺蟲劑及除蟲菊精。有機磷殺蟲劑對人類毒性強，目前已少使用；氨基甲酸鹽類則有研究會惡化氣喘、和癌症有關，不建議使用。除蟲菊精雖然毒性較弱，但對孩子仍有造成健康危害的報告，使用上宜避開兒童和孕婦會接觸的場所。另可以考慮使用毒性更低的硼酸，加入洋蔥、砂糖、奶粉和麵粉，製成環保除蟲劑，使用完直接丟棄，比較不會有殘留的危險性。

致癌性方面，雖然國際癌症研究機構（IARC）致癌物分類將百滅寧列為三級，無法歸類為致癌因子；但美國環保署EPA仍將其列為可能的人類致癌物，所以民眾，特別是兒童，對於除蟲菊精的接觸仍須十分小心。

除蟲菊精對昆蟲殺傷力極佳，但對人類毒性較低，所以已取代有機磷殺蟲劑，成為最常使用的環境消毒驅蟲用藥，像是登革熱高峰期環境消毒用藥的主要成分，就是除蟲菊精。雖然除蟲菊精是相對毒性較低的殺蟲劑，但目前對兒童的研究不多，考量到對兒童的危險性高於成人，且幼兒時期的暴露可能對成年後造成慢性毒性，我們必須保持警戒，避免兒童接觸而增加不必要的健康危害。

防蚊液成分，天然的比較好嗎？

治療蚊子叮咬的藥品廣告不勝枚舉，搭配順口的歌曲和可愛的小朋友，總讓人印象深刻。由此可知，孩子被蚊子咬是父母非常普遍的困擾啊！

蚊蟲叮咬不只腫和癢，更可能傳播疾病

蚊蟲咬傷不只紅紅腫一包，會癢癢、痛痛，更要小心許多藉由蚊蟲傳染給人類的嚴重疾病，比如日本腦炎、登革熱、茲卡病毒和屈公病等。這些病媒蚊大多分布在熱帶、亞熱帶地區，包括台灣。所以平時我們就要有防蚊意識，做好相關準備。防蚊的方式有很多種，最方便使用的莫過於防蚊液了。孩子的防蚊液要怎麼挑選呢？市面上防蚊液五花八門，天然的會比較好嗎？含敵避（DEET）成分的，孩子可以用嗎？

常用的三種防蚊液成分

目前市面上使用的防蚊液常用的有三類，敵避、派卡瑞丁（Picaridin）和其他天然植

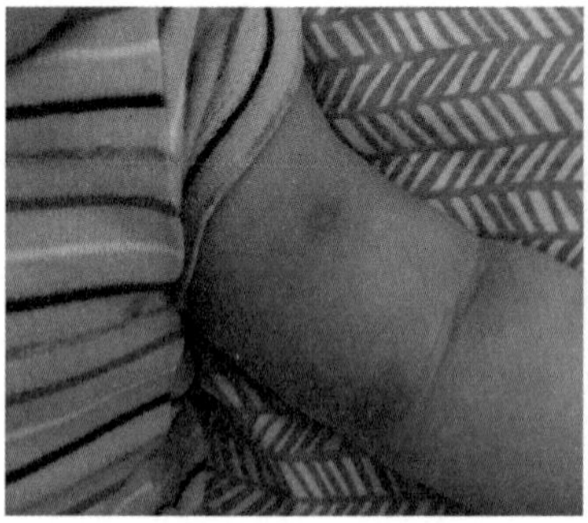

種類	優點	缺點
敵避	效果佳，歷史悠久	少數不良反應，可能傷衣物
派卡瑞丁	效果佳，無人類毒性報告	使用歷史較短
其他天然植物成分	味道芳香	效果不確定

物提煉（如精油）類，下面我們來稍微了解一下：

敵避

敵避是歷史悠久的防蚊液成分，根據美國兒科醫學會和疾病管制局的建議，敵避可使用於二個月以上的兒童，但台灣食藥署目前建議使用於六個月以上兒童，建議濃度是十～三十%。十%的敵避可提供兩小時的防蚊保護作用，三十%的敵避可提供五小時的防蚊保護作用。曾有報告嬰幼兒長時間接觸、食入敵避，造成癲癇和皮膚接觸引起蕁麻疹水泡，但都很罕見，而且其因果相關性仍有待釐清。不過，若不小心噴到衣物，可能會造成衣物損害變質。

派卡瑞丁

派卡瑞丁可使用於二歲以上的兒童，濃度是五～二十%，一樣提供數小時的防蚊效果。派卡瑞丁無色、無味，對皮膚刺激性少，也不會損害衣物，目前沒有看到人類有毒的報告。但派卡瑞丁二〇一二年才被美國食品藥物管理局核准，使用時間並

黃醫師無毒小祕方

兒童防蚊液使用注意事項

由於兒童使用防蚊液非常普遍，美國小兒科醫學會特別針對兒童使用防蚊液提出以下幾點建議：

- 在幫孩子使用防蚊產品前，父母一定要閱讀和遵守產品上的介紹，以確保安全有效。
- 防蚊液只能噴灑在衣服和未被衣服遮蓋的皮膚上。
- 防蚊液只能在戶外通風良好的環境噴灑，以減少吸入的風險。
- 回到室內後，要立刻清洗孩子有噴灑防蚊液的部位。
- 有噴灑防蚊液的衣服，須清洗完才可再穿。

我也提出兩點，幫孩子噴防蚊時要注意的地方：

- 防蚊液不可噴在傷口、眼睛、口、唇部位。
- 若同時要防曬，須先塗防曬乳，再擦防蚊液，不建議使用含防蚊成分的防曬產品。

不長，對人體是否有長期影響仍須觀察。

其他天然植物提煉成分

含檸檬桉精油曾有報告對瘧蚊有達六小時的防蚊效果，但不建議使用於三歲以下兒童。

另外像是香茅油也很常被使用，但使用於防蚊目前證據有限，兒童是否適用也有待評估。

鉛中毒不罕見，怎麼從生活預防？

二〇二〇年新聞報導台中市前議長長期服用含硃砂中藥，造成鉛中毒，併發多重器官發炎病危。調查結果顯示血中鉛濃度超標有三十八人，可說是近年來最嚴重的鉛中毒事件。新聞中報導議長及家中成員有便祕、腹痛、四肢無力及兩腳站不穩等症狀，都是很典型鉛中毒的症狀。

藥材、草藥別亂給小孩吃

早期很流行給小寶寶吃八寶散，八寶散的成分各家不一，但常含有硃砂。硃砂主成分雖然為硫化汞，但卻常含有鉛，長期餵食造成寶寶鉛中毒的個案並不罕見。所以，不管大人或孩子，來路不明的藥材和草藥都不可以隨便服用！

目前研究顯示，兒童對於鉛的毒性特別敏感，造成的症狀也更為嚴重。血鉛濃度只要 5 ~ 10ug/dl 即可能造

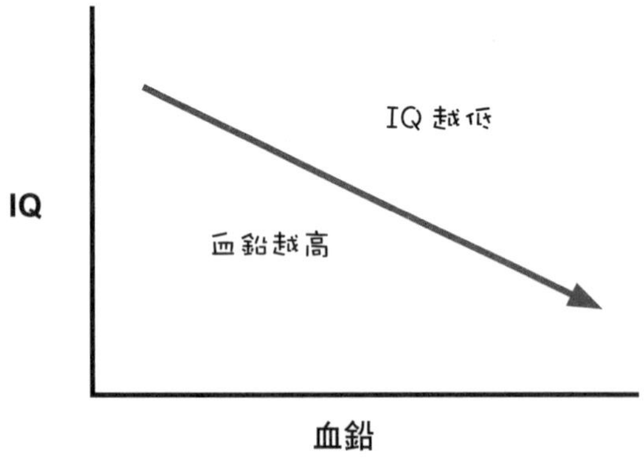

成兒童發展遲緩及神經系統的傷害，包括智商較低、聽力受損及周邊神經功能異常等；若濃度再增加，則會造成腹痛、貧血、神經病變、腎病變、腦病變甚至昏迷死亡。

油漆也會造成孩子鉛中毒！

硃砂雖已被衛服部禁用，但環境中孩子會接觸到鉛的另一個常見管道，就是油漆。國外有許多孩子接觸、食入油漆造成鉛中毒的案例。兒童鉛中毒最早的報告是在一八九二年，在澳洲昆士蘭有十個兒童被發現鉛中毒，經過多年調查才發現，是因為住家陽台剝落的油漆中含鉛所導致。

看守台灣協會與國際消除持久性有機汙染物網絡（IPEN），在二〇一六年抽查國內油性塗料四十七件，其中有二十二項都超過10000ppm，美國的油漆總鉛含量標準為90ppm。台灣標檢局針對調和漆、瓷漆、水性水泥漆、溶劑型水泥漆及建築用防火塗料，在二〇一八年才開始，將塗料商品的鉛含量強制檢驗，通過後商品才能在國內販售。台灣標檢局採用的標準為「可溶性鉛含量90ppm」，與美國採用的「總鉛含量」不同。以可溶性鉛含量作為規範會有許多潛在的問題，首先，由於法規只規範可溶出的鉛含量，製造商可不考慮產品中使用的鉛總量；因此，即使可溶性的鉛含量不高，若非可溶鉛含量非常高，剝落油漆粉塵中的鉛，仍然會對環境造成嚴重的汙染。

其次，理論上，可溶性鉛含量是模擬人體食入後，經過胃酸消化吸收的鉛含量（比如小朋友吃到含鉛塗料的玩具後，經過胃酸消化釋出的鉛量）；但有研究指出，量測可溶性鉛含量和人體真實可吸收並進入體循環的鉛量，並不必然相關，還受到許多的因素影響。雖然台灣終於開始管制塗料中的鉛含量，值得鼓勵，但仍有許多需要討論、檢討的地方。

預防鉛中毒

標檢局認證水龍頭

兒童勿用水晶玻璃杯

可靠的藥材來源

標檢局認證玩具

兒童不摸脫落油漆

油漆選用綠建材

鉛存於塗料（包含油漆）中主要作為無機顏料的成分之一，提供塗料較好的遮蓋力、著色力與防鏽等作用，根據不同化合物形式，常見顏色有鉛白、鉛黃及鉛紅等，但不管哪種形式都具有毒性，特別是對兒童及幼兒。幼兒二歲內有口慾期，大一些的兒童也常見吃手、咬手習慣，這些都大量增加孩子吃到鉛的可能。有統計顯示，一至六歲兒童每天平均吃入一百至四百毫克的灰塵，若灰塵中含有大量的鉛，勢必造成孩子鉛中毒的危險性。

黃醫師無毒小祕方

我們的孩子有鉛中毒的危險嗎？

長庚醫院收集了二〇〇六至二〇一一年共三一九四位兒童資料分析，發現台灣南部地區兒童血鉛濃度≥ 5ug/dl 比例高達二三．四六％，≥ 10ug/dl 比例也高達八．六六％；北部地區兒童血鉛濃度≥ 5ug/dl 比例為九．三三％，≥ 10ug/dl 比例一．六六％。台灣自一九九八年開始停用含鉛汽油，理論上兒童血鉛濃度應迅速全面降低，但此研究顯示停用含鉛汽油後，高濃度血鉛個案仍佔相當比例，所以仍有許多地區性因素須探究與克服，塗料及油漆中的鉛管制，即是其中非常重要的一環。

避免讓孩子生活在鉛毒環境中

根據國民健康署的建議，我擷取一些重點：

1. 建議民眾選用具經濟部標準檢驗局標章之水龍頭或管材，符合 CNS 8088。
2. 某些水晶玻璃及有染料的容器可能含鉛，應避免盛裝酸性液體，並避免兒童使用。
3. 如要使用中藥須注意其來源安全可靠，尤其避免嬰幼兒使用欠缺安全管理的藥物。
4. 建議選用具有經濟部標準檢驗局安全標章之玩具，避免將廉價、色彩鮮豔的玩具贈品交給嬰幼兒（較會咬食玩具）。
5. 兒童所處環境，宜注意清掃、吸塵，避免處於有落漆、剛油刷或焊接作業的場所。
6. 油漆部分，建議選用獲得內政部建築研究所推動的健康綠建材標章之水性漆。

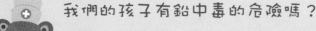

看不見的毒，空氣汙染比你想得更可怕

「咳咳咳……」

「怎麼感冒才好一點，突然又咳起來了呢？」

許多孩子咳嗽一直好不了，或是常常反覆咳嗽不能斷根，這時有的醫師會跟爸媽說這是「過敏咳」。但過敏是對什麼過敏呢？無緣無故怎麼會突然過敏呢？這裡面有相當一部分，是和空氣汙染有關。

不只造成咳嗽，還可能引起氣喘和異位性皮膚炎！

我門診的經驗，當空氣汙染嚴重時，那幾天因為咳嗽症狀來就診的病患就會明顯增加。但是空氣汙染對於一般人其實很無感，因為它看不到、摸不到，就算因此產生症狀，也不會想到是空氣汙染所引起的。

有人就會說，不就是咳嗽嗎？幾天就好了，有什麼關係？錯，咳嗽只是一個警訊，告訴你身體健康已經被影響了，空氣汙染的威力可不只這麼一點點，千萬不要輕忽它了！

AQI指標	51-100	101-150	151-200	201-300	301-400
PM2.5	15-35	35-54	54-150	150-250	250-350
防霾口罩等級	C或D級	C或D級	B級	B級	A級

空氣汙染對人體傷害的嚴重度和其組成有關，一般可以分為氣狀汙染物和粒狀汙染物。氣狀汙染物像是氮氧化物、二氧化硫、一氧化碳和臭氧等；粒狀汙染物就是懸浮微粒，最有名的就是PM2.5。空氣汙染物質除了直接傷害呼吸道和肺部，一部分的汙染物更會穿過肺泡，進入人體循環，造成健康更大的危害。已經有很多證據顯示，空氣汙染會引起氣喘和異位性皮膚炎的發作、增加心血管疾病的死亡率、血壓上升和動脈硬化的風險。長期來說，空氣汙染更會增加罹患肺癌的風險。

如何減少空氣汙染的影響？

最簡單的方式，就是每天出門前先查詢環保署「空氣品質監測網」網站或下載APP，查看空氣品質AQI指標。當指標呈現橘色和紅色，孩子就要配戴防霾口罩再出門，家裡門窗關閉只留小縫，開啟空氣清淨機。但當指標呈現俗稱的紫爆或褐色時，要盡量避免出門，若非得出門，也要盡量縮短在外時間，並全程配戴防霾口罩。

黃醫師無毒小祕方

防霾口罩為什麼不直接全部使用A級？

和防新冠病毒要帶N95或醫療口罩的問題一樣。防護等級越高的口罩，可阻擋最多的汙染物沒錯，但是也越悶，難以長期配戴。而且如果配戴不密合，口罩和臉之間有很多縫隙，只會造成更多的汙染物從縫隙進入口鼻、吸到肺部，甚至比沒戴口罩更糟糕哦！

防霾口罩顧名思義，就是用來防止空氣汙染的霾害，其中最重要的就是PM2.5。政府對於防霾口罩的檢驗標準是依照CNS15980來做檢查，依據口罩防霾的程度分成A、B、C、D四個等級，分述如下：

★A級：適用PM2.5濃度350 μg/m3以下。

★B級：適用PM2.5濃度230 μg/m3以下。

★C級：適用PM2.5濃度140 μg/m3以下。

★D級：適用PM2.5濃度70 μg/m3以下。

那麼，日常生活中我們要怎麼選擇呢？可以對照空氣品質AQI指標來使用。當指標是黃色或橘色，使用D級或C級防霾口罩保護力已十分足夠；但當指標是紅色時，就要選擇B級的防霾口罩；當指標是褐色以上，就要選擇A級的防霾口罩。台灣大部分時候的AQI指標都是橘色以下，所以主要購買C級或D級防霾口罩即可。

Chapter 4

行車好放心

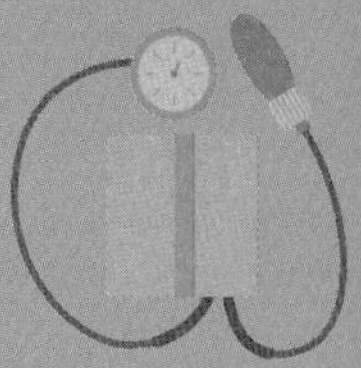

憾事不發生！汽車安全座椅的使用、挑選要點

多年前我還在醫院服務時，某天午夜突然接到值班醫師電話說有一位車禍的孩子，從急診持續急救到住進加護病房。趕到醫院後，看到爸爸一人坐在加護病房外，只有輕傷，帶著滿臉懊悔和悲傷。詢問後才得知，原來因為孩子路上吵鬧要媽媽抱，在發生車禍時並沒有坐在安全座椅上。之後，只要有人討論需不需要全程、短程坐安全座椅，我都會說起這個故事，聽完後大家就會乖乖地讓孩子坐在安全座椅上。

全程、正確使用安全座椅

兒科醫學會針對汽車安全座椅提出以下幾點建議，而交通部也於二〇二〇年公告新的汽車安全座椅規定，摘要如下：

兒童汽車安全座椅使用原則

從新生兒就開始用

面後式優先

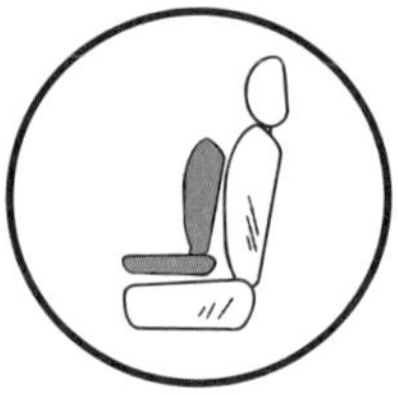

面前式到 30 公斤

安裝須牢固

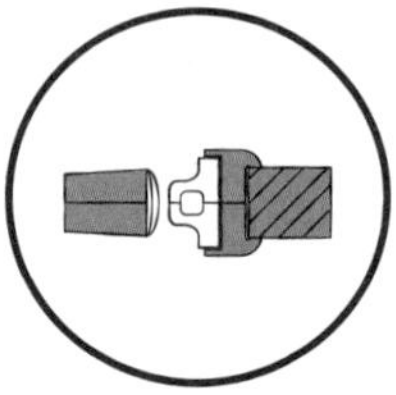

145 公分才用安全帶

13 歲以下坐後座

1. 新生兒出生後，就要使用汽車安全座椅，並選用標檢局認證過的產品。
2. 二歲以下兒童必須安置於後座，並使用面後式安全座椅；二至四歲兒童且體重小於十八公斤，仍須坐於後座的兒童專用座椅，以面後式安全座椅為優先選擇，之後再改面前式（為預防車禍時頸部的甩鞭效應，有國家甚至建議面後式使用至四歲）。
3. 面前式安全座椅，也應使用至最高重量（三十公斤）及高度。
4. 安裝安全座椅時須注意牢牢固定，搖晃移動不可超過二．五公分，後座中間是最安全位置；安全帶也要確認緊扣住，並緊貼胸部。
5. 超過面前式安全座椅限制時，可改用輔助椅（增高墊）；身高超過一百四十五公分，才可使用一般三點式安全帶。

黃醫師無毒小祕方

可以接收恩典牌的汽車安全座椅嗎？

汽車安全座椅動不動就二、三萬起跳，常常有親友很熱心地送二手的安全座椅，可以用嗎？

建議最好不要！雖然法規沒有規範一定要使用新的汽車安全座椅，但是構成座椅的主要骨架材質是塑膠，常見如聚丙烯 PP，經過五至七年常發生脆化、變質，萬一真的發生車禍受到撞擊，勢必會影響安全座椅的保護力。愛惜資源不浪費很不錯，但為了安全起見，還是購買新的汽車安全座椅比較好！

6 十三歲以下兒童都應坐於後座、繫上安全帶，以後座中間位置為優先。

聰明看認證，選對安全座椅

選購汽車安全座椅，我們可認明常見的幾個認證——台灣的 CNS11497 和歐盟的 ECE R44。兩者都是強制認證，須通過檢驗認證才可在台灣或歐盟市場上市銷售。此外還有知名的德國 ADAC 測試標準，ADAC 是德國汽車協會的縮寫，為民間非營利組織，每年都會針對德國市面的汽車安全座椅進行測試，由於測試標準較為嚴格，包括有無 ISOFIX、安全性、人體工學、座椅材質環保汙染物和清潔難易等，分別給予權重加成。最後的結果以顏色做判別，深綠色就是很好、淺綠色是好、黃色是滿意、橘色是足夠、而紅色是不足。大家有興趣可到 ADAC 網頁搜尋，看看家裡的安全座椅是否有在 ADAC 的測試名單裡。

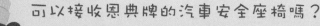

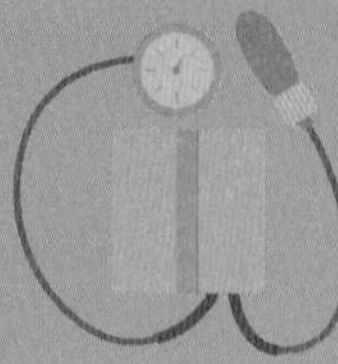

墜跌、燒燙傷好可怕！正視兒童意外問題

意外事故是國內一至四歲兒童死因第一名，而在一至三歲的學步期，孩子還走不穩好奇心又強，是意外事故傷害的高峰期，舉凡墜跌、窒息、吞入異物、燒燙傷及中毒等，都時有所聞。國民健康局於二〇〇八年進行「嬰幼兒健康照護需求調查」，發現墜跌是幼兒因意外事故就醫最常見的原因（八％）。如果跟世界各國比較，台灣未成年人因墜跌的死亡率竟排行第四，高於美國、日本、韓國和大多數的歐洲國家，可見兒童防墜跌在台灣是一個急須重視、處理的問題。

如何預防兒童墜跌？

兒科醫學會建議，所有兒童可能出現的場所，爸媽或照顧者都應注意下列事項：

兒童防墜跌注意事項

勿讓兒童獨處或離開視線

圍牆欄杆高於 120 公分

窗邊勿堆雜物

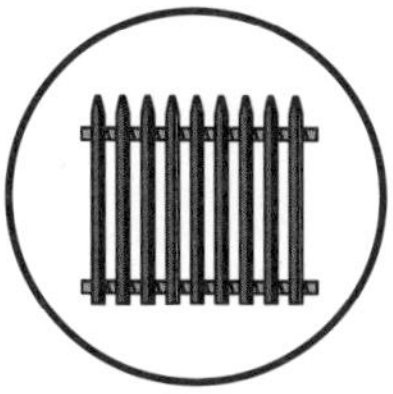
欄杆縫隙少於 10 公分

危險地區勿玩耍

幼兒不靠窗、不靠欄杆

❶ 勿讓兒童獨處，隨時注意兒童動靜，不可離開視線。

❷ 欄杆、陽台與矮牆等高度，應高於一百二十公分。國小一年級的平均身高就差不多一百二十公分，因心智逐漸成熟，學齡兒童以上因攀爬意外墜跌的風險就比較低了。

❸ 勿放置可以攀爬登高的家具或堆疊物品，尤其這些物品不宜放置在窗台、陽台、欄杆或矮牆邊，孩子看到可爬到窗邊都常都會很興奮地往上爬，可能會因此發生墜落的危險。

❹ 裝置門窗安全鎖，限制門窗的開口小於十公分，欄杆的縫隙也應小於十公分。只要超過十公分，頭形較小的孩子即有可能穿過縫隙而卡住、窒息，或發生墜落的危險性。

❺ 勿讓孩子於危險處玩耍，如樓梯間、

黃醫師無毒小祕方

在戶外如何測量寬度？

若在公共場所，不知欄杆間隙是否寬於十公分，可以用拳頭寬度測試。一般成年男性拳頭寬度即約十公分，如果明顯大於拳頭寬度，就必須讓孩童遠離欄杆，避免意外發生。

水溝、水池邊等。

❻ 平常就須教育孩子，建立不攀爬、倚靠窗戶，也不靠近、攀爬陽台欄杆的概念。

避免兒童燒燙傷的四個要點

另外，兒童燒燙傷也是極須重視的意外事故。八仙塵爆之後，喚起大家對燒燙傷的重視，但其實兒童燒燙傷長期以來都是意外事件致死的主要原因之一，而燒燙傷對孩子身體、心靈的影響，也是一輩子無法抹滅的。

和其他意外事故一樣，只要事前多注意，採取一些預防的措施，就可避免大部分的家庭兒童燒燙傷，我們可以怎麼做呢？

★設立紅線區，反覆告訴孩子那些東西孩子不能碰，包括火柴、打火機、瓦斯爐、熱水瓶或開飲機等。

★孩子不可在有熱湯、熱食附近玩耍（最主要就是廚房、餐桌附近）。餐桌不要有桌巾，或桌巾不可垂下，不然孩子生性好奇去拉，就有熱食傾倒的危險。

兒童燒燙傷處理

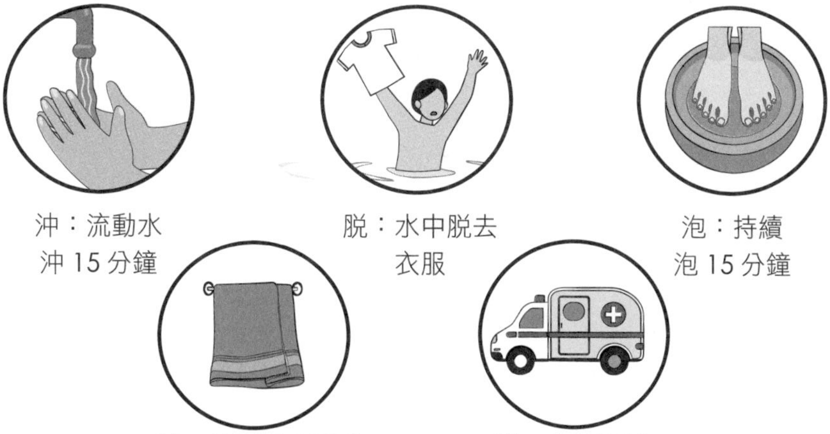
蓋：乾淨毛巾覆蓋
送：盡快送醫

★任何食物，大人都要確認過溫度是可入口的，才能讓孩子吃或喝。

★洗澡時要先放冷水再放熱水，一定要測試過水溫，才可讓孩子進入。

燒燙傷的處理原則

兒童最常見的是被熱液燙傷，熱液燙傷的處理原則大家都耳熟能詳了：

1. 沖：以流動水沖洗燙傷部位十五至三十分鐘後，浸入水中。
2. 脫：在水中浸泡時，小心地去除燙燒部位的衣物。
3. 泡：之後持續浸泡三十分鐘。
4. 蓋：使用乾淨清潔的毛巾、布單或紗布遮蓋燙傷部位，避免汙染。
5. 送：盡速送至可處理燒燙傷的醫療院所。

孩子沉迷網路遊戲怎麼辦？

網路遊戲早已風靡全世界，在美國，青少年網路遊戲成癮症的盛行率大約是八．五%，台灣的盛行率大約是三．一%。雖然盛行率沒有很高，但網路遊戲成癮除了影響孩子的生理、心理健康，更要特別小心可能同時合併其他精神疾病，如憂鬱症、焦慮症、過動症，甚至暴力或自殺行為。

孩子是否需要尋求專業協助？

網路遊戲實在太過普遍，而且還不侷限於電腦，連手機遊戲也設計得讓孩子廢寢忘食。要阻止孩子玩是不實際的——問題是，要怎麼知道孩子已經成癮了呢？是否已需要引導或甚至進一步尋求專業協助呢？我們可以觀察，孩子有沒有因玩網路遊戲，在一年內出現下列九項症狀中的五項以上？若是，即符合網路成癮症，建議進一步尋求醫師診療：

1. 過於專注於遊戲中，讓遊戲成為日常生活的重心。
2. 當遊戲被中斷或取走時，有煩躁、焦慮或悲傷的戒斷症狀。
3. 出現耐受性，越玩越久，需要花更多的時間玩遊戲才能感到滿足。

預防網路遊戲成癮原則

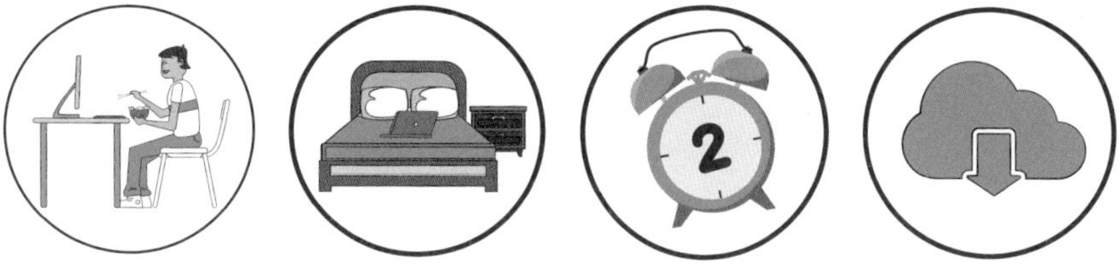

晚餐睡前勿看螢幕

電腦勿放臥室

看螢幕少於 2 小時

下載遊戲須經父母同意

4. 想要停止或減少玩遊戲，卻停不下來。
5. 除了玩遊戲外，對生活中的人際關係、嗜好和其他娛樂完全沒有興趣。
6. 儘管已知心理和人際關係出現問題，還是無法停止玩遊戲。
7. 對家人、醫師和其他人謊報自己玩遊戲的時間。
8. 當有無助、罪惡感或焦慮等負面情緒時，會用玩遊戲來逃避。
9. 因為玩遊戲而危及重要的人際關係、教育和工作。

網路遊戲成癮的預防重點

網路資訊這麼發達，我們不可能禁絕孩子使用電腦或其他電子螢幕產品，那是否有一些事前措施，可以預防孩子網路遊戲成癮呢？最簡單的原則，就是先與孩子訂

黃醫師無毒小祕方

預防遠比治療重要！

目前網路成癮症以認知行為治療為主，可能搭配家庭治療或動機式晤談一起做，但研究不多，效果也有待評估。不如爸媽們在孩子使用 3C 產品剛開始就做好管控，以避免後續成癮症的發生。

好使用電腦或其他電子螢幕產品的規範：

★和孩子約定好，哪些時間不可使用電腦或電子螢幕產品——一定不可使用的是晚餐和睡前一小時內。晚餐是家人聯繫感情的重要時間，不管是孩子或成人在用餐時也離不開 3C 產品，勢必會影響家人關係的建立和維持。睡前一小時是睡前儀式和準備睡眠的時段，太劇烈的運動或聲光娛樂，都會影響睡眠品質，應以和緩的活動像是看書、聽音樂等為主。

★電腦和手機不要放在孩子臥室。有研究發現，臥室有 3C 產品的孩子，閱讀能力和社交能力較差，孩子也較易有過胖傾向。比起臥室沒有 3C 產品的孩子，有 3C 產品的孩子使用電子螢幕的時間，明顯較久。

★每天使用電腦或電子螢幕時間，應少於一至二小時。研究顯示，若可控制孩子電子螢幕的使用量和內容，對孩子的睡眠、學校表現和行為發展，有正面助益。

★下載或購買遊戲，須經由父母確認、同意。藉由父母的篩選和過濾，孩子才不會下載不當的遊戲內容，避免孩子暴露於暴力或色情的遊戲內容中。

什麼時候才能給孩子手機？

「媽媽，我可以買手機嗎？」、「媽媽，手機給我玩！」……在這個手機氾濫的世代，許多家長都在糾結這個問題，到底要不要給孩子玩手機呢？每位爸媽的處理方式都不一樣，有的父母會限制使用時間，有的父母就丟給孩子，讓自己圖個一時清靜。

兒童使用手機的危險

老實說，我個人不贊成孩子使用手機，主要基於以下兩點：

❶美國兒科醫學會對於兒童使用手機的立場，仍然非常保留，手機發出的射頻輻射會不會致癌目前仍無一致性的結論，早期有一些人類觀察研究認為會增加腦瘤、白血病和淋巴癌的機率，但較近期的研究卻沒有觀察到相同的結果。在動物實驗方面，二〇一六年美國國家毒物計畫進行一項動物實驗，讓老鼠從胎兒時期開始，每天照射九小時的射頻輻射，連續兩年，結果發現有一些老鼠後來在心臟及腦部長出腫瘤，然而對照組並沒有任何腫瘤的發現。國際癌症研究機構也將射頻電磁場列為2B級的可能致癌物（對動物致癌，人類資料不足）。

約法三章，禁絕手機的時機

用餐時間

睡前1小時

手機不放臥室過夜

❷另一個讓我很擔心的問題是兒童近視。台灣近視比例為全世界最高，台大醫院林隆光醫師對全國六至十八歲兒童進行調查統計，小一學童的近視率為二十二%，小六學童為六十六%，到了國中增至七十七%，高中生近視率到達八十五%，說台灣是近視王國一點都不為過。近視最大的原因，就是長時間近距離看東西，如果再早給予兒童手機，只怕發生近視及度數惡化的時間會更提早來到！

關於孩子使用手機的幾個想法

然而，現實層面不讓孩子使用手機幾乎是不可能的事，所以我整理資料，提出以下幾點討論：

★智慧型手機 vs.傳統型手機：有一些爸媽會給孩子傳統型手機或功能有限的智慧型手

黃醫師無毒小祕方

幾歲開始使用手機比較適合？

到目前為止，還沒有機構提出正式的建議或指引，但一般的共識認為，十三至十五歲是比較適合的年齡。進入國中的階段，開始會有比較豐富的校外生活和社交活動，不管是傳訊息、查生活資訊及使用社群軟體，智慧型手機都提供了很大的方便性。但網路上充斥各種資訊，有些是暴力、色情及兒童不宜的，最好有家長或老師教導孩子如何面對這些不適當的資訊。

機，作為緊急連絡之用。目前市面上的智慧型手機，除了可以打電話和上網，甚至可取代許多電腦功能，一旦孩子有了第一台，以後就不太可能不給他了。

★手機費用由誰支付：你確定要買一個這麼昂貴又容易遺失的商品給孩子嗎？特別是在還沒辦法好好保存物品或容易遺失的年紀。如果手機損壞或遺失，要買新手機的費用由誰支付？手機對孩子而言是非常高價的物品，在給孩子手機前最好可以討論清楚，讓孩子學習負責任的態度。

★手機資費由誰支付：如果你的孩子玩網路遊戲，購買點數或遊戲周邊商品，你有辦法控管嗎？

★孩子對電子螢幕產品的自制能力如何：若孩子平時連對電腦、電視遊戲的約定都無法遵守，大概可以預測對手機的使用會更難控制。

★孩子是否過動或是注意力不集中：對於有過動及注意力不集中症候群的孩子，給予手機很可能會惡化他的症狀；手機的聲光刺激，會加重注意力無法集中的症狀。

★手機的使用時間和規範：應該包含在家庭媒體使用計畫內，由爸媽一起討論，並確保睡眠時孩子和手機不能在同一個房間，否則可能會影響睡眠時間和品質（孩子可能會起床偷偷使用手機）。

美國兒科醫學會的建議

如果你還不知道如何規範孩子使用手機，可以參考美國兒科醫學會提供基本原則與建議（二〇一六年版本）：

★兒童一歲半前不可接觸除視訊以外的電子螢幕產品，一歲半至二歲間若要使用數位媒體，須選擇高品質節目，並由成人全程在旁陪伴、解釋節目內容。

★二歲至五歲兒童，須限制每天使用電子螢幕一小時以內，並選擇高品質節目，由父母在旁陪伴，幫助兒童了解節目內容及如何應用。

★六歲以上兒童，必須限制使用數位媒體的時間及類型，且確保不會因此而影響睡眠、戶外活動等有益身心的活動。

★與兒童共同制定禁止電子媒體的時間和地點，像是晚餐、開車時及在臥室。

★持續與兒童溝通關於使用網路的責任與安全性，像尊重他人這樣的基本態度，不管在網路上或現實生活中並無差別。

如何安排兒童活動時間？

不知道大家都讓孩子做什麼樣的活動呢？我自己的孩子，老大喜歡看書和聽故事，老二熱愛玩遊戲和跑跑跳跳。雖然每個孩子個性不同，但我還是堅持孩子盡量每天都要有戶外活動時間。從文獻看來，兒童多進行戶外活動和遊戲，對於發展有極大的幫助！

五歲以下養成好習慣，有助於成年健康

這個想法最近也得到WHO（世界衛生組織）的印證。隨著科技、影音及網路發達，兒童久坐時間越來越長，身體活動時間越來越短，根據研究，至少有二十三％的成年人、八十％的青少年活動時間不足。因此WHO的專家蒐集許多文獻和證據，首度發表對五歲以下兒童活動、久坐及睡眠時間的指引，希望孩子從小建立起良好的運動及睡眠習慣，讓好習慣持續到成年期。在五歲之內若可按照指引進行，對兒童運動、減少肥胖、認知發展及成年後的健康，將有很大的助益。

以下根據兒童年齡，細分成三組來討論。

年齡	活動時間	受限時間	睡眠時間	備註
＜1歲	＞30分	＜1小時	12-17小時	趴著遊戲為主
1-2歲	＞180分	＜1小時	11-14小時	不建議看螢幕
3-4歲	＞180分	＜1小時	10-13小時	看螢幕＜1小時

小於一歲的兒童

WHO建議，每天要有多次、多樣的活動方式，若寶寶已經會爬了，要鼓勵寶寶多爬行；如果還不會爬，可用一些玩具讓寶寶練習抓、推、拉這些動作。即使是還不會爬的寶寶，還是要多練習趴著玩，每天至少三十分鐘以上。

特別介紹一下讓寶寶趴著玩這件事。寶寶趴著玩可訓練脖子和肩膀的肌肉，練習使用眼睛和肢體協調，近年來十分提倡每天要有所謂的「俯臥時間」（tummy time）。俯臥時間最重要的，是要在寶寶清醒的時候進行，而且家長要全程在旁，直到結束。

何時開始讓寶寶進行俯臥時間呢？從出生回家後就可以開始囉！剛回家時，一天約二至三次，每次三到五分鐘，慢慢拉長時間，不可過於急躁。目標是三個月時，每天俯臥的總時間可達到一小時（可以分成三至四次，每次十幾二十分鐘）。但每個孩子適應俯臥的時間不一，還是要以孩子的狀況為主，不可過於強求。俯臥時間要做什麼呢？

❶ 可以將玩具放在寶寶差一點可以拿到的地方，讓他嘗

黃醫師無毒小祕方

做不到怎麼辦？

我個人覺得三至四歲的標準有些嚴格，就我的經驗，台北大部分的幼兒園都做不到，因為空間本來就小，課程都以靜態為主。但是這標準至少提供我們一個目標，為了孩子的健康與發展，盡量增加孩子們的身體活動，減少久坐的時間。

試去拿取。

2. 坐或躺在寶寶對面的地板上逗他。
3. 讓寶寶趴在爸媽的胸口，跟寶寶說說話、逗逗他抬頭，用手固定在寶寶兩側避免滑落。
4. 可以在每天換尿布或午睡後時順便執行，讓寶寶習慣俯臥時間。

俯臥時間要做到多大呢？當七至九個月時，寶寶已經會翻身、做得很好時，就不需要再俯臥時間了。

另外，寶寶每天受到限制（包含坐推車、背著或坐在高腳椅上）的時間，要少於一小時。睡眠時間部分，〇至三個月大是每天十四到十七小時，四至十一個月大是每天十二到十六小時。

一至二歲的兒童

WHO建議每天身體活動時間要大於一百八十分鐘，盡量讓寶寶牽著一起走，少用嬰兒推車。公園是很好的遊戲場所，一歲多的孩子可以在公園奔跑、走路和攀爬，都是很好的活動。在家裡，可以讓孩子練習撿拾和移動玩具，比如積木，有助於增加手部的協調性和肌肉力量。

每天受限的時間要少於一小時，小於二歲不建議久坐看電子螢幕；二歲以上每天久坐看電子螢幕，不可超過一小時。

睡眠時間每天十一至十四小時，包含午睡時間。

三至四歲的兒童

WHO 建議每天身體活動時間要大於一百八十分分鐘，其中包含至少六十分鐘的中、高強度運動。這個年紀的孩子可以進行的活動就很多了，像跳舞、游泳、學校的遊具、攀登、騎車（滑板車或自行車）和投接球。也可以開始玩一些主動的遊戲，像是躲貓貓、鬼抓人等。

每天受限的時間要少於一小時，每天久坐看電子螢幕不可超過一小時。睡眠時間每天十至十三小時，包含午睡時間。

防疫期間，如何安排孩子的作息？

在新冠疫情期間，爸媽們一定都被關在家裡快瘋掉了吧！不知道父母在家都怎麼幫孩子安排時間？一直放任孩子看電視嗎？還是積極幫孩子安排各種室內活動呢？

怎麼幫孩子安排作息？

國內沒有比較正式的相關建議或指引，如果爸媽們已經無所適從，讓我們來看看美國小兒科醫學會的建議。

保持常規的作息

爸媽們應該要跟孩子好好聊聊，讓他們了解為什麼要改變平常的作息，為什麼不能去學校了。我們可以協助孩子製作作息時程表，貼在牆上或冰箱等顯眼的地方，確保孩子每天都看得到，並且照表操課。即使爸媽是居家辦公，還是要幫自己和孩子們安排共同的休息時間，可以和孩子一起放鬆和說說話。

時間	活動內容
08:00～09:00	起床吃早餐，刷牙洗臉
09:00～10:00	大肌肉活動
10:00～12:00	寫功課、閱讀、玩小遊戲、玩積木等
12:00～13:00	吃午餐、水果
13:00～14:30	睡午覺
14:30～15:30	勞作、畫圖、做點心
15:30～16:00	大肌肉活動
16:00～16:30	吃點心
16:30～17:30	洗澡
17:30～18:30	晚餐
18:30～19:00	3C、螢幕時間
19:00～20:30	親子共讀、聽故事
20:30～21:30	準備就寢

以下是安排孩子作息時間的原則，也分享我家的日程安排（如上表）：

★早上醒來，按照平常的時間吃早餐和換衣服。

★確保每個人都有適合的地方，可以好好工作和上課，不會互相干擾。

★學齡前的孩子，每二十分鐘的課程後，要有十分鐘的大肢體活動。

★大一點的孩子可以專注較長的時間，兩堂課之間再休息即可。

★要給予孩子營養、衛生的午餐和下午點心。

★下午一樣要有適當的休息時段。

★晚餐最好全家一起用餐，可以聊聊今天發生的事。

★盡量和平常一樣準時就寢，確保每個人都有充足的睡眠。

針對 3C 使用制定相關的規範

父母都有相同的擔心，這段時間孩子是不是看太多的螢幕、使用太多的 3C 了呢？雖然很難避免孩子看電子螢幕，但我們還是要設計一些規範和限制，讓 3C 成為我們正向的助力。

1. 和老師討論孩子線上課程內容和課後活動建議，國內、外都有網站提供孩子相關的活動和遊戲選擇，比如 PBS Kids、兒童文化館等，體育和遊戲類的網站也很多，爸媽可以安排固定的時間，讓孩子進行這些活動。
2. 適當地使用社交軟體，和鄰居、朋友和親人保持聯絡和感情。
3. 如果讓孩子玩電子遊戲，父母一定要先看過內容，選擇優質和合適的遊戲。
4. 這是一個難得的機會，讓爸媽可以一起觀察孩子在網路看什麼、玩什麼，還有怎麼學習。即使只是和孩子一起看個電影，對親子的感情和自我放鬆，都很有幫助哦！
5. 讓孩子有機會陪你一起工作。如果爸媽是居家辦公，剛好可以利用這個機會讓孩子了解你工作的內容，參與父母的世界。
6. 適當的限制 3C 時間仍然十分重要，3C 的使用不應該影響睡眠、體育活動、閱讀和家庭時間。可以和孩子一起制定 3C 使用計畫，規範使用時間和地點。

這是一段艱辛的時間，大家一定會感到非常不便。我們這麼辛苦地待在家中，和親朋好友保持距離，正是為了保護我們所愛的人，千萬要堅持住！黎明前的黑暗總是特別難熬，加油！

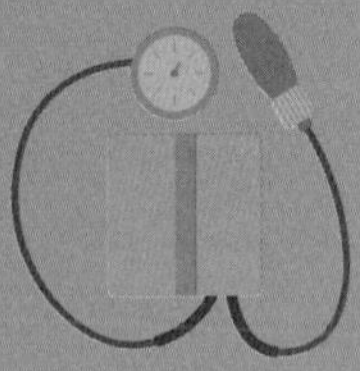

Chapter 6

樂事要留心

醫師教你聰明選玩具

「這麼多玩具，要買什麼給我的寶貝呢？」、「別人送的玩具，真的安全嗎？可以給我的孩子玩嗎？」、「要送給親友小孩什麼玩具呢？送錯失禮就算了，萬一玩具不安全，讓小朋友受傷可怎麼辦？」、「這麼多玩具標章實在讓人眼花撩亂！是隨便有一個就表示安全嗎？還是越多越好？」……

相信這是很多父母或親友們時常會碰到的問題，身為兩個寶貝的爸爸，這個問題也曾困擾我，但本著醫療專業和執念，我認真去理解了玩具的安全性。網路上的文章非常多，很多親子網站都會教大家選玩具，像是要注意大小、零件是否容易脫落或尖銳等問題，除此以外，還有很多是我們看不到的部分，像是重金屬或塑化劑含量是否超標等。

認識安全玩具認證標誌

台灣及世界各國對玩具的安全性，也發展出不同的審核及認證標準，就是我們常在玩具上見到的安全標誌。

目前市面上玩具可見到的標誌或認證，主要有標準檢驗局的燕尾標誌、台灣安全玩具的 ST 標誌、歐盟的 CE（EN71）標誌、美國的 ASTM 標誌、日本 ST 標誌。

關於玩具的檢驗，政府已經幫我們做了初步的把關。廠商要在台灣市場販售玩具（不論是進口或台灣自製內銷），都必須取得標準檢驗局的燕尾標誌，所以大家可以把標準檢驗局的燕尾標誌，當作最低的門檻。

如果廠商對品質有更高的要求或信心，希望有更好的認證作為品質保證，可能就會送 TCC 財團法人台灣玩具暨兒童用品研發中心進行檢驗及認證，以取得 ST 安全玩具的認證；如果廠商想將玩具外銷至歐盟、美國或日本，則必須遵照各國的法規或取得各國的認證，如 CE 即是歐盟的認證。

有安全標章，就絕對安全嗎？

不過，仔細閱讀燕尾標誌和 ST 安全玩具認證的內容後，我產生一個很大的疑問：兩者的檢驗方式和內容完全一樣，檢驗項目都以 CNS 4797 為標準——為什麼廠商要花一筆

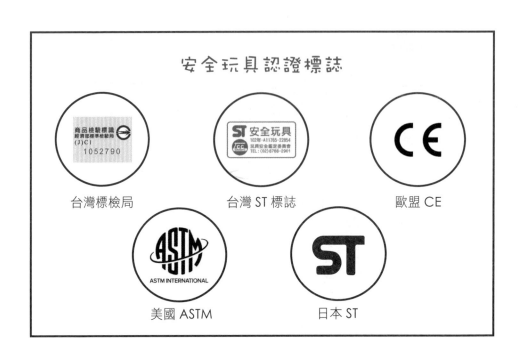

安全玩具認證標誌

台灣標檢局

台灣 ST 標誌

歐盟 CE

美國 ASTM

日本 ST

錢再去做認證呢？對消費者有什麼意義？

更深一步探究原因，結果讓我嚇了一跳！原本，我以為市面上合法販售的玩具，應該每一項都經過標準檢驗局抽查、檢驗過至少一次，合格才會給予標章及許可販售。

但實際上，廠商每進口一批玩具，每五種只會抽查一種，而且如果幾次抽檢都合格後，之後被抽檢的機率就會再降二分之一，甚至五分之一*。所以我們看到玩具上的燕尾標籤，它最多也只有五分之一的機率，甚至更少的機率，是有被抽檢過合格的。

由於政府資源有限，審核方式無法面面俱到，因此有無安全玩具的認證，對父母來說就變得非常重要。審核內容雖然各國標準不一，但精神和主要項目是一致的，主要可分為物理性、耐燃性及化學性。物理性和耐燃性部分，各國差異不大，但在化學性——特別是鉛的部分，差別較顯著；然而，鉛也是國內廠商送驗時最容易不合格的化學性項目（鉛對兒童的危害可見 P.308），這裡簡單整理各國鉛的標準，其中以歐盟部分較為特別（如 P.340），依材質分成三類標準，在可刮除物質部分規範原本相對寬鬆，但在最新修訂版本中緊縮了不少；不過目前 CE 審查標準仍採舊制，新制不知何時實施。

綜合以上，目前我們採購玩具時，除有標準檢驗局的燕尾標章之外，盡量選擇有安全玩具認證的產品，例如以鉛為主要的安全考量：

❶ 一般玩具的建議優先順序為：ASTM ＞ 台灣 ST ＝ 日本 ST ＞ CE EN71

❷ 易碎、粉狀的，如紙黏土、彩色鉛筆、粉筆、蠟筆、石膏粉，或是液狀黏性物質如漆料、顏料、墨水、膠水、口紅膠、泡泡水，建議優先順序為：CE EN71 ＞ ASTM ＞ 台灣 ST ＝ 日本 ST。

＊標準鑑驗局的抽檢方式，原條文如下：「抽中批玩具之取樣比率，報驗一百項以下者，每五項隨機抽取一項。但最少應取樣一項，最多五項；超過一百項次者，超過部分每二十項增加抽驗一項，每項取樣二件。」而且「凡同一報驗申請書報驗同一商品分類號列，且未超過一百項之玩具商品，經同一商品分類號列連續十批逐批查驗符合規定者，採每批百分之五十機率之隨機抽批查驗方式檢驗，未抽中批採書面核放；再經連續五十批查驗符合規定，且近一年內無不合格記錄者，改採每批百分之二十機率之隨機抽批查驗方式檢驗，未抽中批採書面核放。」

	台灣 ST	美國 ASTM963-17	日本 ST-2016
鉛	可溶出鉛濃度 90ppm	總鉛濃度 90ppm 可溶出鉛濃度 90ppm	可溶出鉛濃度 90ppm

歐盟分類	CE EN 71-3	CE EN 71-3	CE EN 71-3
內容	乾燥、易碎、粉狀或容易彎曲之材質，如紙黏土、彩色鉛筆、粉筆、蠟筆、石膏粉	液態或具黏性之材質，如漆料、顏料、墨水、膠水、口紅膠、泡泡水	可刮除之材質，如塗層、塑膠、橡膠、矽膠及高分子聚合物、玻璃、陶瓷、金屬、木頭
鉛 2013 年→ 2018 年	可溶出鉛濃度 13.5 ppm → 2ppm	可溶出鉛濃度 3.4 ppm → 0.5ppm	可溶出鉛濃度 160 ppm → 23ppm

黃醫師無毒小祕方

醫師的十大玩具

以下簡單分享我們家小孩喜歡、常玩的玩具，都符合安全玩具的認證，給家裡有小孩或有贈送玩具需求的朋友參考。玩具品牌部分，只是剛好我們是購買這個品牌，並非我推薦這個品牌，重點是要有安全玩具的認證哦！

- GIOTTO 黏土，CE 認證，適合二歲以上。
- LEGO 火車組，CE 認證，適合二至五歲。
- People 七面體遊戲機，台灣 ST 認證，適合一歲以上。
- 動物印章組，CE 認證，適合三歲以上。
- 啟迪思蘑菇釘插板拼圖，CE 認證，適合三歲以上。
- 歡樂動物園磁鐵多次貼，台灣 ST 認證，適合三歲以上。
- 彩色塗鴉筆，CE 或 ASTM 認證，適合三歲以上。
- 小牛津大全套點讀筆，台灣 ST 認證，適合二至十歲。
- Hape 蝸牛組，CE 認證，適合一歲以上。
- Hape 積木組，CE 認證，適合一歲以上。

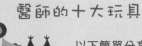

小心新奇玩具！

「媽媽，我也要那個玩具！」、「我們班有人帶那個玩具，看起來超好玩的！」……隨著孩子越來越大，爸媽也忙於滿足孩子各種願望，除了吃吃喝喝以外，就是各種新奇的玩具啦！走一趟玩具店，就會發現廠商真的很厲害，創意無限，許多從沒想過、看過的玩具琳琅滿目！

黏呼呼的史萊姆，小心潛藏危險！

但並不是所有玩具都適合孩子，有些玩具還是有相當的危險性，請父母務必小心！像是前兩年，還有新聞報導孩童因史萊姆引起嚴重的手掌皮膚炎。

史萊姆是一坨黏呼呼、可無限拉長變形的物體，加上亮晶晶或螢光色的吸睛色彩，從歐美紅到亞洲，成了兒童玩具的新寵，也有人叫水晶泥、鼻涕膠、鬼口水……等。

史萊姆的主成分就是膠水＋硼砂＋一堆色料或亮片，之所以又黏又有彈性的關鍵，就是因為硼砂讓膠水稠化、硬化。

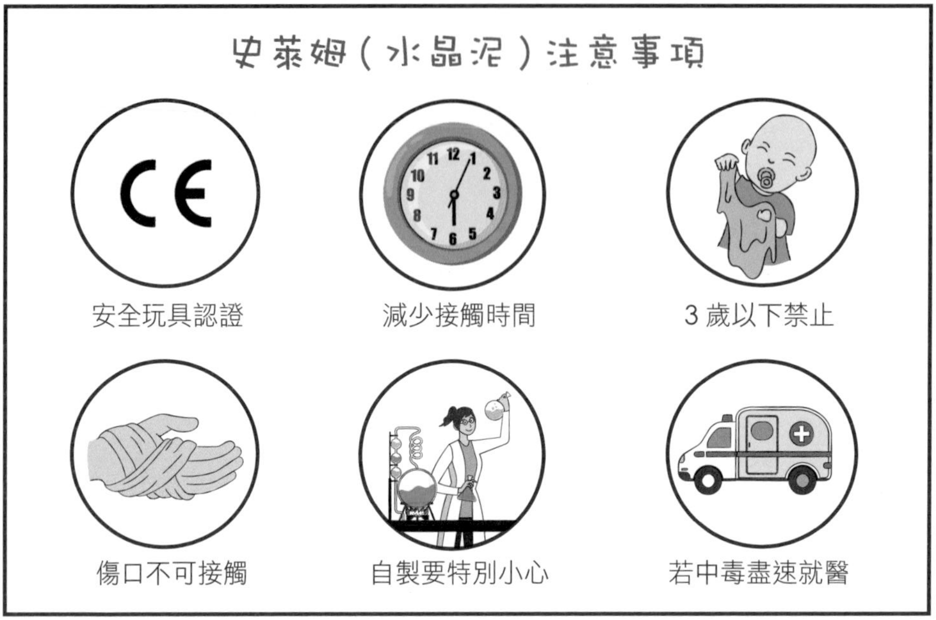
史萊姆（水晶泥）注意事項
CE
安全玩具認證
減少接觸時間
3 歲以下禁止
傷口不可接觸
自製要特別小心
若中毒盡速就醫

網路上有許多號稱教人自製無毒或無硼砂史萊姆的影片，但細看他們使用的材料，不論是隱形眼鏡保養液或燙衣漿液等，都含有硼砂或硼酸；另外，透明膠水裡也有很多含有硼砂。

硼砂和硼酸對人類毒性雖不強，成人最低致死劑量為十五至二十公克，老鼠約為四至五公克／公斤，但接觸過量還是可能中毒。硼砂的中毒通常是反覆、長期接觸所引起的，像新聞中的小朋友，數天且頻繁地抓握之後，皮膚開始紅腫、癢痛及發炎，如果濃度太高，還可能引起嘔吐腹瀉甚至意識不清等症狀。

此外，因為濃度難以拿捏，自製史萊姆的危險性更高。國外有一位十六歲女生，在自製史萊姆後開始不適、咳嗽、噁心、頭痛及頭暈，醫師診斷和硼砂中毒有關；停止使用後，症狀持續了三週才改善。

黃醫師無毒小祕方

硼砂是什麼？

硼砂以前常被加在食物中，比如魚丸、貢丸、鹼粽和蝦仁等，加了之後會更脆更彈牙。但鑒於硼砂對人體可能產生的危害，衛福部已禁止硼砂作為食品添加劑了。此外，硼砂溶於水或酸中會變成硼酸，具有殺菌、消毒的作用，被廣泛使用在醫療或民生用途，像眼藥水、隱形眼鏡保養液或殺蟲劑等。

若不幸因硼砂中毒，要怎麼治療呢？必須立即停止接觸相關產品，使用肥皂和大量清水沖洗。以支持性治療為主，並沒有特定的解毒劑；皮膚炎依照一般接觸性皮膚炎治療即可；但若有胃腸不適、意識不清或呼吸急促等嚴重中毒症狀，須盡速就醫。

玩史萊姆的注意事項

如果孩子一定要玩史萊姆，我們要注意什麼事情呢？

1. 選購有安全玩具認證標章的產品。
2. 盡量減少接觸的時間。
3. 三歲以下幼兒不可接觸，因嬰幼兒皮膚吸收力強且易誤食，較易中毒。
4. 有傷口部位不可接觸，傷口吸收硼砂速度快，比較容易中毒。
5. 自製史萊姆硼砂濃度不易掌握，要特別小心。
6. 如有中毒症狀須盡速就醫，如皮膚紅腫、腸胃不適、呼吸不順或意識不清等。

誤食巴克球，造成腸胃缺血壞死！

另外，巴克球也是最近很火紅的玩具。前陣子，新聞報導一個一歲的孩子因為嘔吐到醫院就診，照了×光才發現，誤食數顆具有強烈磁性的巴克球，球和球之間強力吸附，造成腸壁缺血和壞死。所幸盡早發現，經外科醫師手術取出，才沒有引起更嚴重的傷害。

巴克球這麼小又鮮豔的物品，本來孩子就容易誤食。若是誤食一般的玩具或零件，還可觀察是否會隨糞便排出，但巴克球是磁鐵，只是一個也還沒關係，但若是兩個，並且是分開的，在腸胃道會發生磁吸效應，造成腸胃道缺血壞死，必須盡快安排胃鏡或手術取出。

鑒於巴克球常讓兒童發生誤食事件，台灣兒科醫學會特別提出建議：

1. 老師發現學童持有巴克球，應該立即代為保管再轉交家長。
2. 父母應確認家中巴克球存放在安全位置，並在孩童使用時陪伴在側，以防誤吞。
3. 家中若有發展遲緩、過動、自閉或其他精神障礙的小孩，應避免讓他們接觸巴克球與其他磁鐵玩具。
4. 發現孩童誤吞磁鐵玩具，應盡速就醫。

兒童防曬要注意

「每到夏天我要去海邊～」夏天就讓人想起這首歌，而孩子最開心的就是去玩水啦！但是去之前，爸媽有做好準備嗎？吃的有，玩的有，那防曬呢？有嗎？

兒童曬傷，會增加成年後皮膚癌風險！

小時候玩水從來不知道有防曬乳這種東西，玩完水脫一層皮都以為是正常。但是兒童的防曬其實非常重要，只要日曬超過十五分鐘，皮膚就會曬傷。有研究顯示兒童時期的曬傷，會增加日後皮膚癌的風險，特別是恐怖的黑色素細胞癌。

一般我們說的防曬，防的就是太陽光中的紫外線（UV）。根據不同波長主要可分成UVA及UVB。UVA波長較長、能量較低，會使皮膚老化（Age）；UVB波長較短、能量較強，會使皮膚曬傷（Burn）。

防曬的方式有很多種，撐抗UV的傘、選擇長袖衣物等都可防曬，但最方便的，還是直接在皮膚上擦防曬產品，防護全面又方便玩水。美國兒科醫學會特別針對兒童防曬乳的選擇，提出了幾個建議：

款式 品牌	品牌 A	品牌 B	BANANA BOAT 	星寶貝 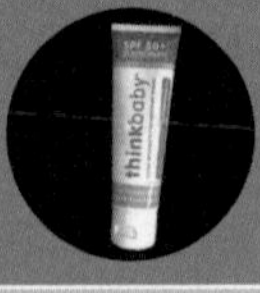	品牌 C
UVA+B	V	V	V	V	V
防水	V	V	V	V	X
物理防曬	X	X	V	V	V
SPF15～50	V	V	V	V	V

選擇防曬波長廣的

坊間常看到的 SPF 指數，只表示對短波長的 UVB 有防曬能力，有標示防曬波長廣（Broad spectrum），才表示也有對長波長的 UVA 防曬，UVA 和 UVB 都要防到才真的保護到皮膚。

選擇防水款式

有防水（Water resistant）標示，表示可以在水中持續有效至少四十分鐘，否則孩子一下水就失效了，有擦防曬等於沒擦。

選擇物理性防曬產品

含物理性防曬成分如礦物質基底（mineral based）的產品，主成分常見是氧化鋅（zinc oxide）或二氧化鈦（titanium dioxide）。缺點是不容易擦均勻，皮膚上常會留下白白的痕跡。

而化學性防曬的產品，有一些內含 avobenzone、

黃醫師無毒小祕方

六個月以下幼兒可以擦防曬嗎？

防曬乳在出門前十五至三十分鐘就要先塗好，因為皮膚需要時間吸收防曬產品。之後每二小時要補充一次，防曬效果才能持續。另外六個月以下幼兒要避免使用防曬乳，或只可在局部易曬傷部位（如臉部）少量使用，要以其他物理遮陽的防曬方式為主。

oxybenzone、ecamsule 及 octocrylene 的成分，優點是皮膚吸收快，皮膚表面不會留下痕跡。但有影響賀爾蒙或引起皮膚過敏的疑慮，不建議兒童使用。

選擇 SPF15 ~ 50 之間的產品

SPF 指數表示有擦該防曬產品，比起完全不擦防曬，可以延長幾倍的時間才會曬傷。比如沒擦防曬時一分鐘就曬傷，有擦 SPF15 的防曬產品就是曬十五分鐘才會曬傷。理論上 SPF 指數越高表示防曬效果更好，但實際上超過 50 的效果並不會更好，只要 SPF15 ~ 50 即已足夠。

市面上防曬產品眾多，我們依照美國兒科醫學會的標準來檢視市售常見的幾個產品，給爸媽們參考，選購時可以注意一下哦！

兒童太陽眼鏡怎麼選？

紫外線也會造成眼睛損傷！按照波長，紫外線可分為UVA和UVB；UVA波長較長，可穿透眼角膜到達水晶體，引起白內障；UVB波長較短，會直接傷害眼角膜，造成光化性角膜炎。要注意的是，紫外線對於眼睛的傷害，常常不會立即表現出來，通常是在白天照射後，經過了三至十二小時，到了晚上才開始眼睛痛、不舒服，若沒有眼科醫師細心的檢查，可能被當作一般的結膜炎。而白內障更是經過反覆、長期的紫外線照射後逐漸形成的。

反常氣候的紫外線傷害

在過去，一般的日照要引起眼睛傷害並不容易，除非是在雪地、長時間在強反光的環境（如白沙灘或水邊）。但這幾年來的反常氣候，超高的紫外線讓我開始擔心起孩子的眼睛，可能會因為反覆強日照而受到傷害。

要預防或減少紫外線對眼睛的傷害，最簡便的方式就是配戴太陽眼鏡。但我們要怎麼幫孩子選擇呢？是跟大人一樣嗎？菜市場買的玩具眼鏡可以嗎？建議可以依據下面幾個原則來選購：

兒童太陽眼鏡選購重點

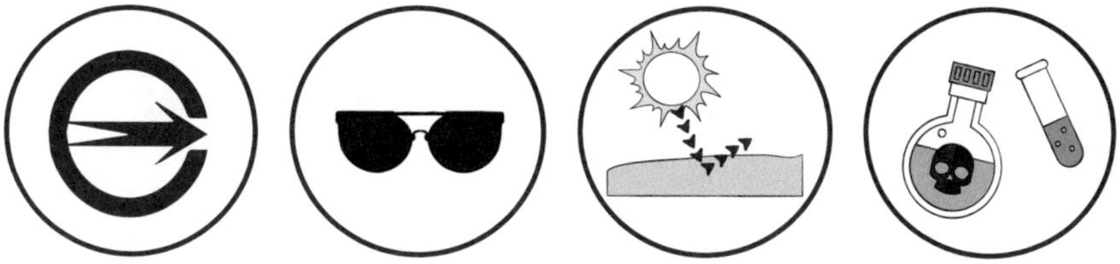

選擇標檢局合格產品	選擇 4 級濾光鏡	選擇 UV400	若有重金屬檢驗更好

選擇有標檢局檢驗合格標籤的產品

太陽眼鏡是標檢局公告應施檢驗的項目，業者須檢驗符合 CNS 15067「太陽眼鏡」規範才可販售。CNS 15067 檢驗內容眾多，其中最重要的就是檢驗 UVA 和 UVB 的透光率。

依需求，選擇不同等級的濾光鏡分類產品

濾光鏡分類從〇至四共五級，〇級的透光度最好，但過濾紫外線效果最差；四級過濾紫外線效果最好，但透光度最差（即最暗），所以開車時不可佩戴四級。由於孩子沒有開車的需求，建議直接選擇四級保護效果最好。

選擇 UV400 的產品

如前所提，紫外線有不同波長，選擇 UV400 才

有涵蓋到波長 400nm 以下的全防護效果。

最好也通過 CNS 4797 玩具安全的檢驗項目

孩子常常會把太陽眼鏡當作玩具把玩，甚至拿來啃咬，所以標檢局在二〇一〇年規範了十四歲以下兒童的太陽眼鏡，須增加 CNS 4797 玩具安全的檢驗項目，其中很重要的就是重金屬的檢測——美國就曾發生兒童太陽眼鏡驗出含過量鉛，被要求回收的事件。但是目前兒童太陽鏡很少有做 CNS 4797 檢驗項目，希望政府可以多推廣、要求，讓兒童安全多一層保障。

幾歲以上要配戴太陽眼鏡呢？這主要看孩子的配合度，一般三歲以上的孩子較有辦法配戴而不抗拒。那孩子什麼情況下需要配戴？孩子的視力還在發展，需要適度的光線刺激，建議只在有強光照射的情況下配戴，如水邊、白沙灘、雪地或正中午需要到戶外時即可。

黃醫師無毒小祕方

路邊隨便買的玩具太陽眼鏡可以戴嗎？

深色的鏡片會使瞳孔放大，但如果鏡片沒有阻隔紫外線的效果，反而會使眼睛受到更大的傷害，所以沒有經過審查檢驗的太陽眼鏡產品，不建議讓孩子配戴哦！

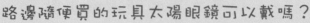

兒童脖圈、螃蟹車，可以使用嗎？

「小寶寶游泳好可愛哦！」許多月子中心都會讓寶寶戴著脖圈游泳，爸媽們看著寶寶奮力地踢水或是舒服地躺在水裡，心裡一定都快融化了。但是父母們是否有想過，小寶寶戴脖圈是安全的嗎？

美國小兒科醫學會提到，讓孩子使用任何充氣式泳具都要很小心。像是臂圈、游泳圈、脖圈等，絕對無法取代救生衣，充其量只能當作遊樂器具，使用這些游泳輔具，成人必須隨時在旁監看——太多溺水意外，都是成人以為孩子有游泳圈就沒問題而發生的。

使用脖圈有危險嗎？

法規並沒有禁止使用脖圈，但是我們可以來看看新聞：

★美國消費品安全委員會（CPSC），在二〇一五年召回 Otteroo 生產的一款脖圈，數量約三千個，理由是這款脖圈可能會破裂、洩氣和下沉。

★中國大陸的新聞，在二〇二〇年十一月一名滿月的女嬰，在家中戴著脖圈游泳，游到一半大人以為寶寶睡著了，等爸爸回家才發現寶寶已窒息，緊急送醫還是回天乏術。此外，即使使用游泳圈，也常看到成人沒注意到而讓孩子翻覆溺水的新聞，可見游泳圈和脖圈都不是那麼安全的救生設備，在使用時爸媽必須全程在旁邊陪同，視線不可以稍離！

學步車、螃蟹車有爭議

嬰兒學步車，一般是指傳統的學步車，也是我們說的「螃蟹車」，用在當寶寶還不太會走路時，讓寶寶用半踢、半走的方式在家裡四處移動，下方有輪子可以往任一方向滑行，一般是在寶寶十至十五個月大會走路之間的時期使用。

孩子在這個階段又很喜歡玩耍和人互動，讓孩子直立地滑來滑去，不只爸媽輕鬆，孩子也開心。另一個原因就是如其名學步車，想讓孩子「學走路」而使用。

但是大家有發現嗎？寶寶去打預防針時，所有的小兒科醫師都說「寶寶不可以坐螃蟹車」，為什麼呢？

最主要是安全的考量。《小兒科》（*Pediatrics*）雜誌有一個研究，統計在一九九〇到二〇一四年之間，美國有超過二十三萬個孩子因使用學步車而受傷、到急診就診和治療，大部分是因為學步車不小心滑下樓，很多孩子因此傷到頭頸部，傷勢相當嚴重。所以在加拿大，螃蟹車是禁止銷售的，美國兒科醫學會也建議禁止使用螃蟹車。

使用脖圈 & 螃蟹車的注意事項

成人必須全程陪伴在旁

使用脖圈須觀察唇色

螃蟹車對學步沒有幫助

使用螃蟹車須注意翻倒危險

螃蟹車的危險性不只於此，孩子滑著螃蟹車四處移動，可能抓住平常拿不到的危險物品，像是刀子、剪刀或熱湯。更有新聞報導，曾有孩子從螃蟹車上摔入垃圾桶而窒息死亡的遺憾消息。此外，螃蟹車會給爸媽安全感的假象，使用久了後會放鬆戒心，以為孩子在屋內滑來滑去可以不用看著——當意外發生時，有可能就延誤發現的時間了！也有很多時候，是發生意外當下大人都在場，但速度太快，家長來不及反應。

另外，目前的研究並未發現使用學步車可以讓孩子走得更好，反而有一些研究提到，可能讓會走路的時間往後延遲哦！

黃醫師無毒小祕方

改良型學步車

還有一種改良型的學步車，和傳統的螃蟹車不同，需要寶寶用手的力量支撐身體，下方的輪子只能往前移動，不像螃蟹車四面八方都可以走。這種改良型的學步車需要成人全程在旁協助，不然很容易撞到東西、無法前進，因此比較不會有翻倒或抓取東西的危險。

螃蟹車

改良型學步車

DESIGNED IN FRANCE
Maped®
法國設計，平民價格
COLOR'PEPS
Twist'n Flex
Maped
automatic 0.5
zenoa+
掃描童趣官網QRcode購物去
滿千折$100
折扣碼:dahaubooks

國家圖書館出版品預行編目資料

養出孩子的抗毒力！ 0～6歲健康育兒懶人包：預防環境危害、認識幼兒疾病大魔王，現代爸媽必讀的全方位健康育兒指南 / 黃昌鼎著 . -- 初版 . -- 臺北市：日月文化, 2021.10
360 面 ; 16.7*23 公分 . --（高 EQ 父母 ; 85）
ISBN 978-986-079-531-8（平裝）

1. 育兒 2. 幼兒健康 3. 親職教育
428　　110012101

高 EQ 父母 85

養出孩子的抗毒力！ 0～6歲健康育兒懶人包

預防環境危害、認識幼兒疾病大魔王，現代爸媽必讀的全方位健康育兒指南

作　　者：黃昌鼎
主　　編：俞聖柔
插圖繪製：Ivy_design
校　　對：俞聖柔、黃昌鼎
封面設計：高茲琳
美術設計：LittleWork 編輯設計室

發 行 人：洪祺祥
副總經理：洪偉傑
副總編輯：謝美玲
法律顧問：建大法律事務所
財務顧問：高威會計師事務所
出　　版：日月文化出版股份有限公司
製　　作：大好書屋
地　　址：台北市信義路三段 151 號 8 樓
電　　話：(02)2708-5509　傳　　真：(02)2708-6157
客服信箱：service@heliopolis.com.tw
網　　址：www.heliopolis.com.tw
郵撥帳號：19716071 日月文化出版股份有限公司

總 經 銷：聯合發行股份有限公司
電　　話：(02)2917-8022　傳　　真：(02)2915-7212
印　　刷：禾耕彩色印刷事業有限公司
初　　版：2021 年 10 月
定　　價：420 元
I S B N：978-986-079-531-8

生命，
因家庭而大好！